中等职业教育国家规划教材
全国中等职业教育教材审定委员会审定

计算机组装与维修
（第2版）

林　东　陈国先　主编

电子工业出版社
Publishing House of Electronics Industry
北京·BEIJING

内 容 简 介

本书较全面、系统地介绍了微型机的主机（主板、微处理器、内存条、机箱与电源），存储设备（软盘驱动器、硬盘驱动器、光盘驱动器、外置式存储器），基本输入/输出设备（键盘、鼠标、显示卡、显示器、声卡和音箱），主要的外部设备（扫描仪、数码相机、针式打印机、喷墨打印机、激光打印机），计算机联网设备（网卡、ADSL Modem、集线器和交换机）等基本硬件的分类、主要技术指标、基本工作原理、使用方法等，重点介绍微型机各部件和系统软件（Windows 2000、Windows XP）的安装方法以及微型机系统的维护维修的基本方法。

本书从应用和技能角度出发，深入浅出地介绍计算机组装的基础知识和技能，根据职业教育的实际情况，理论知识叙述只求够用，而重在知识的应用和技能的训练。本书的每章后面都安排有实践以加深对知识的理解，提高读者的软件、硬件安装水平和排除故障的能力。

本书内容系统、精炼，实用性较强。介绍的部件新颖，与市场同步。介绍的内容力求选择当今流行的新技术、新产品，注重与学生的接受能力相适应，着力培养学生的创新精神和市场意识。

本书配有电子教学参考资料包（包括教学指南、电子教案和习题答案），详见前言。

本书适用于中等职业技术学校计算机及应用专业，也可供其他相近专业和工程技术人员学习参考。

图书在版编目(CIP)数据

计算机组装与维修/ 林东，陈国先主编． —2 版． —北京：电子工业出版社，2008.5
中等职业教育国家规划教材
ISBN 978-7-121-05236-1

Ⅰ. 计… Ⅱ. ①林… ②陈… Ⅲ. ①电子计算机—组装—专业学校—教材 ②电子计算机—维修—专业学校—教材 Ⅳ. TP30

中国版本图书馆 CIP 数据核字（2007）第 174984 号

策划编辑：关雅莉
责任编辑：关雅莉　肖博爱
印　　刷：北京季蜂印刷有限公司
装　　订：三河市鹏成印业有限公司
出版发行：电子工业出版社
　　　　　北京市海淀区万寿路 173 信箱　邮编　100036
开　　本：787×1 092　1/16　印张：12.25　字数：313.6 千字
印　　次：2012 年 2 月第 7 次印刷
印　　数：3 000 册　　定价：23.80 元（含光盘 1 张）

中等职业教育国家规划教材出版说明

为了贯彻《中共中央国务院关于深化教育改革全面推进素质教育的决定》精神，落实《面向 21 世纪教育振兴行动计划》中提出的职业教育课程改革和教材建设规划，根据《中等职业教育国家规划教材申报、立项及管理意见》（教职成［2001］1 号）的精神，教育部组织力量对实现中等职业教育培养目标和保证基本教学规格起保障作用的德育课程、文化基础课程、专业技术基础课程和 80 个重点建设专业主干课程的教材进行了规划和编写，从 2001 年秋季开学起，国家规划教材将陆续提供给各类中等职业学校选用。

国家规划教材是根据教育部最新颁发的德育课程、文化基础课程、专业技术基础课程和 80 个重点建设专业主干课程的教学大纲（课程教学基本要求）编写的，并且经全国中等职业教育教材审定委员会审定。新教材全面贯彻素质教育思想，从社会发展对高素质劳动者和中初级专门人才需要的实际出发，注重对学生的创新精神和实践能力的培养。新教材在理论体系、组织结构和阐述方法等方面均进行了一些新的尝试。新教材实行一纲多本，努力为教材选用提供比较和选择，满足不同学制、不同专业和不同办学条件的教学需要。

希望各地、各部门积极推广和选用国家规划教材，并且在使用过程中，注意总结经验，及时提出修改意见和建议，使之不断完善和提高。

教育部职业教育与成人教育司
2001 年 10 月

前　言

《计算机组装与维修》第1版自2002年6月出版以来，被多所中等职业技术学校有关专业作为教材使用。第1版出版已有五年多了，在这五年的时间里，新的计算机部件、新技术不断涌现，第1版中的部分内容有些陈旧。因此《计算机组装与维修》第2版对有关内容作了较大幅度的增加、删除、调整，以适应计算机部件的发展变化。

中等职业技术教育是培养与社会主义现代化建设要求相适应，德、智、体、美全面发展，具有综合职业能力，在生产、服务、技术和管理第一线工作的高素质劳动者和中级专门人才。本书以中等职业技术教育培养目标的要求，突出中等职业教育的特点：以能力为本位，贯彻精讲多练的原则，培养学生的实践技能。因此教材尽可能从应用和技能训练的出发，深入地介绍计算机的基础知识和基本技能，教材安排了较多的练习和实训。

本教材共有7章，包括概论、微型计算机的基本系统、微型计算机的基本系统组装、主要外部设备、计算机联网、计算机系统的维护等。本教材以当前流行的微型计算机为基础，详细介绍各种流行配件，如主板、微处理器、内存条、软盘驱动器、硬盘驱动器、光盘驱动器、显示卡与显示器、声卡与音箱、打印机、扫描仪、数码相机、ADSL Modem、网卡、集线器和交换机等部件的分类、结构、技术指标、选购原则、基本工作原理、常见使用和维护方法，以及如何将它们组装成一台多媒体微型机，如何合理进行软硬件设置、测试；还简要介绍了Windows 2000和Windows XP的安装、常见驱动程序的安装、克隆软件的基本操作；讲解对等网络组建方法、ADSL Modem上网；叙述微型机系统的故障形成原因，维修步骤和原则，常规检测方法，以及日常的维护维修等。

本书内容全面、丰富、实用，所介绍的部件力求新颖，文字通俗易懂。各校在教学组织中要根据具体情况，可以结合课程教学和实训，组织学生进行计算机部件情况市场调查，随时跟踪市场，提出系统集成的不同方案。

本书由林东、陈国先任主编，参加编写的还有相岱鹤、段保珠。他们对本书的编写提出了许多宝贵的意见。电子工业出版社对本书的出版给予了极大的关心和支持，在此表示衷心感谢。

由于作者水平有限，书中难免出现缺点和错误，敬请广大读者批评指正。

为了方便教师教学，本书还配有教学指南、电子教案和习题答案（电子版）。请有此需要的教师登录华信教育网（www.huaxin.edu.cn或www.hxedu.com.cn）免费注册后进行下载，具体下载方法详见书后反侵权盗版声明页，有问题时请在网站留言板留言或与电子工业出版社联系（E-mail：hxedu@phei.com.cn）。

编　者
2008年5月

目 录

第1章 概 论

1.1 微型机的发展概况与基本工作原理

世界上第一台电子数字计算机 1946 年诞生于美国。以后的几十年里,电子计算机的发展极其迅速,先后经历了电子管、晶体管、小规模集成电路、大规模集成电路和超大规模集成电路的演变。

1.1.1 微型机的发展概况

微型机即微型计算机,简称微机。微机的核心部件是中央处理器 CPU,各种档次的微机均是以 CPU 的不同来划分的。目前属于 PC(Personal Computer)系列的个人微机,都采用美国 Intel 公司的"x86"系列微处理器或其他公司生产的兼容微处理器作为 CPU。从第一台微机问世到今天,CPU 芯片已经发展到第六代产品,对应地产生了 6 个档次的个人微机系列产品。

(1)第一代 PC 机以 IBM 公司的 IBM PC 和 PC/XT 机为代表,CPU 是 8088/8086,诞生于 1981 年。后来出现了许多兼容机。第一代 PC 机主要流行于 20 世纪 80 年代中期,对今天的微机来说,它的各方面性能都显得十分落后,因此早已被淘汰。

(2)第二代以 IBM 公司于 1985 年推出的 IBM PC/AT 为标志。它采用 80286 为 CPU,其数据处理和存储管理能力都大大提高。但 IBM PC/AT 的市场拥有量并不大,在市场上占主流的是各种其他公司生产的机型和各种组装的兼容机。通常把采用 80286 为 CPU 的微机都统称为 286 微机或简称 286,它是 80 年代末的主流机型。

(3)第三代,在 1987 年 Intel 公司推出了 80386 微处理器,分为低档 SX 和高档 DX 两档。用各档 CPU 组装的机器,称为该档次的微机,如 386DX。

(4)第四代,在 1989 年 Intel 公司推出了 80486 微处理器。486 也分为 SX 和 DX 两档,即 486SX,486DX。

(5)第五代,在 1993 年 Intel 公司推出了 Pentium(中文名"奔腾")微处理器。Pentium 实际上应该称为 80586,但 Intel 公司出于宣传竞争方面的考虑,改变了"x86"传统的命名方法。其他公司推出的第五代 CPU 还有 AMD 公司的 K5,Cyrix 公司的 6x86。1997 年 Intel 公司推出了多功能 Pentium MMX。

(6)第六代在 1998 年 Intel 公司推出了 Pentium Ⅱ、Celeron,后来推出了 PentiumⅢ、Celeron Ⅱ、CeleronⅢ、Celeron D、Pentium 4、Pentium D、Pentium EE 和 Core2 Duo,主要用于高档微机和服务器。其他公司也推出了相同档次的 CPU,如 K6、Duron 系列、Athlon 系列(K7)、Sempron、Athlon 64、Athlon 64 X2 和 Athlon 64 FX。第六代 CPU 是目前最流行的档次。

1.1.2　微型机的基本工作原理

目前，微型计算机基本上是根据冯·诺依曼原理工作的，这种微型机硬件主要由运算器、控制器、存储器、输入设备、输出设备组成。人们通常为解决某一具体问题编写了微型机能够识别的一系列命令或语句，这些语句的有序集合称为程序。而程序中的每一个操作步骤都是指示微型机做什么和如何做，微型机的工作过程就是程序的执行过程。每条指令执行时，控制器先将要执行的指令和数据从内存储器中取出，然后控制器通过对指令的译码，控制运算器对数据进行相应的操作或处理，运算的结果传回给内存储器，内存储器再在控制器的控制下由输出设备输出数据。同时，控制器能够根据指令执行的结果，控制输入设备给存储器传送下一条要执行的指令，这样，微型机就能够一条指令接一条指令地自动运行下去，如图1-1所示。

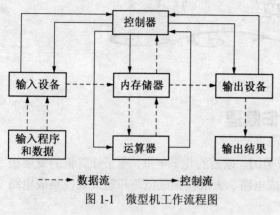

图1-1　微型机工作流程图

1.2　微型机系统的组成与类型

1.2.1　微型机系统的组成

微型计算机系统主要由硬件和软件组成。硬件主要指组成计算机而有机联系的电子、电磁、机械、光学元件、器件、部件或装置等，它是有形的物理实体；软件包括计算机运行的各种程序、文档等。

通常微型计算机的硬件由五大部分组成：中央处理器、内存储器、外存储器、输入设备、输出设备和总线，如图1-2所示。软件主要由系统软件、程序设计语言、数据库系统和应用软件组成，如图1-3所示。

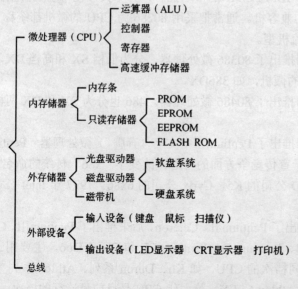

图1-2　微型计算机的硬件组成

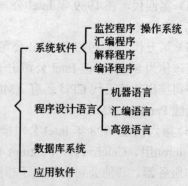

图1-3　微型计算机的软件组成

微型机的各个部件主要包括 CPU、电源、主板、内存储器、机箱、硬盘存储器、光盘存储器、显示器、音箱、各种适配器、键盘和鼠标等。下面对各个部件的外观和作用进行简单的介绍。

1. CPU

CPU 也称为微处理器，如图 1-4 所示，主要功能是能进行各种的算术运算和逻辑运算，能根据指令发出各种控制命令，控制各个部件协调工作。

图 1-4 微处理器外观图

2. 电源

电源外观如图 1-5 所示，电源主要功能是将市电 220V 电压转换为微型机各个部件所需要的电压，作为各个部件的动力之源。

3. 主板

图 1-5 电源盒外观图

主板如图 1-6 所示，主板是微型机的最大一块电路板，主板提供 CPU、内存条、声卡、显卡、网卡等各种适配器的插槽和接口，是连接各种微型机部件的桥梁。

图 1-6 主板外观图

4. 内存条

内存条如图 1-7 所示，它用于存放当前正在使用的数据或软件，供 CPU 直接读取。具有存储速度快，但容量有限，不能长期保存数据等特点。

图 1-7　内存条外观图

5. 磁存储设备

如图 1-8 所示，磁存储设备主要有硬盘驱动器和软盘驱动器。其主要作用是存储各种软件、数据等信息，作为微型机存储各种信息的仓库。硬盘存储具有容量大，单位成本低，存储的数据不会因为掉电而丢失，软件驱动器移动方便，存储容量小，寿命短。

图 1-8　硬盘驱动器和软盘驱动器外观图

6. 光盘驱动器

光盘驱动器有只读型、读写型和可读、可写、可擦型等如图 1-9 所示。其主要作用也是存储各种软件、数据等信息，光盘驱动器具有容量大、寿命长、成本低和移动方便等特点。

图 1-9　光盘驱动器外观图

7. 各种适配器

适配器主要有显示卡、网卡、声卡等，如图 1-10 所示。

显示卡是主机与显示器之间的接口电路，主要功能是将需要显示的图像数据转换成视频控制信号，由控制显示器显示图像。

声卡有的安装在主板 PCI 扩展槽上，有的集成在主板上。声卡将输入的声音信号转换为数字信号存储在硬盘上，还可以将数字信号转换为模拟信号通过音箱发出声音。

网卡是连接本地微型机和外部网络的接口电路，通过它能实现微型机的联网。

显卡　　　　　　　　　　网卡　　　　　　　　　　声卡

图 1-10　显卡、网卡和声卡外观图

8. 显示器

显示器主要有 CRT 显示器和液晶显示器，如图 1-11 所示。显示器的主要功能是通过显示卡送出的信息，能够在显示器显示各种文字和图形信息。

CRT 显示器　　　　　　　　　液晶显示器

图 1-11　CRT 显示器和液晶显示器外观图

9. 键盘和鼠标

键盘和鼠标如图 1-12 所示，微型机所需要处理的程序、数据及各种操作命令都是通过它们输入的。

键盘

鼠标

图 1-12　键盘和鼠标外观图

10. 主机箱

主机箱如图 1-13 所示。主机箱是微型机的外壳，用来安装电源、主板、磁存储设备、光盘驱动器、各种适配器。主机箱还具有防尘、防静电和抗干扰等作用。

1.2.2　微型机的类型

可以从不同的角度将微型计算机分类。

图 1-13　主机箱外观图

1. 按组装形式和系统规模分类

（1）单片机。单片机是一种将 CPU 单元、部分存储器单元、部分 I/O 接口单元以及内部系统总线等单元，集成在一片大规模集成电路芯片内的计算机。它具有完整的微型计算机的功能。随着集成电路技术的发展，近年来推出的高档单片机除了增强基本微机功能以外，还集成了一些特殊功能单元，如 A/D、D/A 转换器，DMA 控制器，通信控制器等。单片机具有体积小、可靠性高、成本低等特点，广泛应用于仪器、仪表、家电、工业控制等领域。

（2）单板机。单板机是一种将微处理器、存储器、I/O 接口电路，简单外设（键盘、数码显示器）以及监控程序固件（PROM）部件安装在一块印制电路板上构成的计算机。单板机具有结构紧凑、使用简单、成本低等特点，常应用于工业控制以及教学实验等领域。

（3）个人计算机（PC 机）。PC 机实际上是一个计算机系统，它将一块主机板、微处理器、内存、若干 I/O 接口卡、外部存储器、电源等部件组装在一个机箱内，并配置显示器、键盘、打印机等基本外部设备。PC 机具有功能强、配置灵活、软件丰富等特点，广泛应用于办公、商业、科研等许多领域，它是一种使用最普及的微机系统。

2. 按微处理器位数分类

微处理器的处理位数是由运算器并行处理的二进制位数决定的。具有不同处理位数的微处理器，其性能是不同的，处理器位数越多，性能就越强。

（1）8 位微机。这是以 8 位微处理器为核心的微机，如早期的 Z80 单板机、IBM 最初的 PC 个人计算机、MCS-51 系列单片机等。8 位微机主要应用于字符信息处理、简单的工业控制等领域。它在硬件方面有广泛的芯片与设备支持，软件方面也有丰富的应用。但是，8 位微机无法胜任高速运算和大容量的数据处理。

（2）16 位微机。这是以 16 位微处理器为核心的微机，如 PC/AT 个人计算机、MCS-96 单片机等。16 位微机比 8 位微机具有更高的运算速度，更强的处理性能，并可用于实时的多任务处理，因而应用领域更加广泛。

（3）32 位微机。这是以 32 位微处理器为核心的微机，如 PC386、PC486 等个人计算机以及 MCS-96 单片机等。目前，32 位微机的功能已达到并超过早期的小型机，它能综合处理数字、图形、图像、声音等多媒体信息，广泛应用于数据处理、科学计算、CAD/CAM、实时控制、多媒体等多种领域。

（4）64 位微机。这是以 64 位微处理器为核心的微机，如 Pentium、Pentium Pro 等。由这类微处理器组成的微机是迄今速度最快、功能最强的微机。

除了主要按以上分类外，还可以按外形来分类，主要有掌上型微型机、笔记本微型机和台式微型机；按微型机的装配形式分有原装机和组装机；按微型机的用途分类主要有服务器、工作站、台式机和笔记本电脑；按功能分类主要有专用微型机和通用微型机。专用微型机有专用于工业控制的工控机、娱乐用的游戏机等，通用微型机就是办公室和家庭使用的微型机。

本章主要学习内容

● 微型计算机的发展和基本工作原理
● 微型计算机的系统组成和分类方法

练习一

1. 填空题

（1）世界上第一台电子数字计算机（   ）年诞生于美国。电子计算机先后经历了电子管、晶体管、小规模集成电路、大规模集成电路和（   ）集成电路的演变。

（2）微型计算机基本上是根据（   ）原理工作的，这种微型机硬件主要由（   ）、控制器、存储器、输入设备、输出设备组成。

（3）通常微型计算机的硬件由五大部分组成：中央处理器、（   ）、外存储器、（   ）和总线。

（4）内存条用于存放当前（   ）的数据或软件，供（   ）直接读取。

2. 选择题

（1）从第一台微机问世到今天，CPU 芯片已经发展到（   ）产品，对应地产生了相应档次的个人微机系列产品。

    A. 第四代　　　　　　B. 第五代　　　　　　C. 第六代　　　　　　D. 第七代

（2）在 1993 年 Intel 公司推出了第五代微处理器（   ）。

    A. Pentium　　　　　B. Pentium Ⅲ　　　　C. Pentium 4　　　　D. 486

（3）硬盘存储（   ），存储的数据不会因为掉电而丢失。

    A. 容量大，单位成本低　　　　　　　　B. 容量大，单位成本高

    C. 容量小，单位成本低　　　　　　　　D. 容量小，单位成本高

3. 简答题

（1）微型机的各个部件主要包括哪些？

（2）微处理器的主要功能是什么？

（3）微型计算机按组装形式和系统规模是如何分类的？

实践：微型机各部件的认识

1. 实践目的

（1）了解各种微型机的外观。

（2）了解微型机各种部件的外观和主要作用。

2. 实践内容

到当地出售微型机部件商场，熟悉各种微型机部件。

第 2 章　微型计算机的基本系统

2.1　主机

主机主要包括主板、CPU、内存和电源盒。

2.1.1　主板

主板（如图 2-1 所示）又名为主机板、系统板、母板等，是 PC 机的核心部件。它一般是一块四层的印制电路板（也有些是六层的），分上、下表面两层，中间两层。

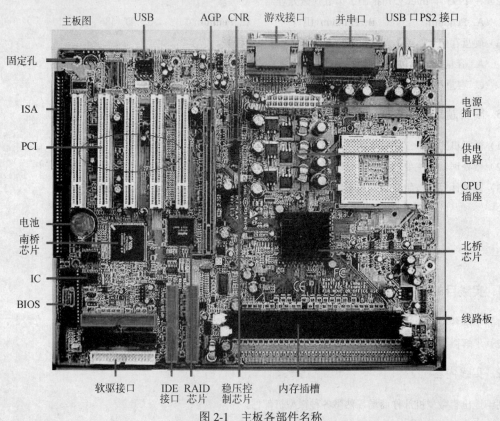

图 2-1　主板各部件名称

主板一般有几种分类方法：按 CPU 的插座划分，按使用的芯片组划分，按主板的结构划分，按主板的应用范围划分，按主板的某些主要功能划分等；主要是以 CPU 的插座划分和主板的结构划分。

（1）主板上有 CPU 插座，用户根据自己的需要选择安装 CPU。不同档次的 CPU 需要不同类型的 CPU 插座。

Socket 型插座主要有 Socket 423（423 针孔）、Socket 478（478 针孔）、Socket 775（775 触点）、Socket A（462 针孔）、Socket 754（754 针孔）、Socket 939（939 针孔）、Socket AM2（940 针孔）等，插座的形状如图 2-2 所示。

仔细观察 Socket CPU 插座上的针孔，可以发现右上角最外层缺少一个孔。这是 CPU 的定位标记。

CPU 背面的某个角上常有一个白点或缺一小块，这是表示集成电路定位脚位置，只要将它和 Socket 插座的定位标记对准，然后插进去就可以了。

图 2-2　Socket CPU（775 触点）插座

（2）主板的主要芯片

① 芯片组（如图 2-3 所示）决定了主板的功能，进而影响到整个电脑系统性能的发挥，芯片组是主板的灵魂。芯片组性能的优劣，决定了主板性能的好坏与级别的高低。

图 2-3　芯片组

芯片组的分类，按用途可分为服务器/工作站，台式机、笔记本等类型；按芯片数量可分为单芯片芯片组，标准的南、北桥芯片组和多芯片芯片组（主要用于高档服务器/工作站）；按整合程度的高低，还可分为整合型芯片组和非整合型芯片组等等。

标准南北桥主板芯片组，其中 CPU 的类型、主板的系统总线频率，内存类型、容量和性能，显卡插槽规格是由芯片组中的北桥芯片决定的，北桥一般在 CPU 插槽和内存插槽附近，而且常常覆盖着散热片。北桥主要负责管理 CPU、内存、AGP 这些高速的部分。而扩展槽的种类与数量、扩展接口的类型和数量（如 USB 2.0/1.1、IEEE 1394、串口、并口、笔记本的 VGA 输出接口等），是由芯片组的南桥决定的。南桥芯片（South Bridge）一般位于主板上离 CPU 插槽较远的下方，PCI 插槽的附近，这种布局是考虑到它所连接的 I/O 总线较多，离处理器远一点有利于布线。还有些芯片组由于纳入了 3D 加速显示（集成显示芯片）、AC'97 声音解码等功能，还决定着计算机系统的显示性能和音频播放性能等。

到目前为止，能够生产芯片组的厂家有英特尔（美国）、VIA（中国台湾）、SiS（中国台湾）、ALi（中国台湾）、AMD（美国）、nVIDIA（美国）、ATI（加拿大）、Server Works（美国）等几家，其中以英特尔和 VIA 的芯片组最为常见。

② BIOS（如图 2-4 所示）叫做基本输入/输出系统（Basic Input Output System），其本身就是一段程序，负责实现主板的一些基本功能和提供系统信息。由于主板设计具有多样性，对应的每一种主板，BIOS 的设计是不一样的，每块主板都对应各自的 BIOS。当 BIOS 不正确时，轻则主板工作不正常，重则主板不能启动。

图 2-4　BIOS 芯片

BIOS 芯片确切地说是颗 ROM（只读存储器）芯片。根据 BIOS 的字节大小，主板会使用相应容量的 EEPROM。

③ CMOS（由互补金属氧化物半导体组成的一种大规模集成电路）是微机主板上的一块可读写的 RAM 芯片，只有数据保存功能，用来保存当前系统的硬件配置和用户对某些参数的设定。CMOS 可由主板的电池供电，即使关闭机器，信息也不会丢失。而对 CMOS 中各项参数的设定要通过专门的程序。现在多数厂家将 CMOS 设置程序做到了 BIOS 芯片中，在开机时通过特定的按键即可进入 CMOS 设置程序，方便地对系统进行设置，因此 CMOS 设置又被叫做 BIOS 设置。

④ 板载音效芯片是指主板所整合的声卡芯片。板载声卡（如图 2-5 所示）出现在越来越多的主板中，目前板载声卡成为主板的标准配置。

⑤ 板载网卡芯片（图 2-6 所示）是指整合了网络功能的主板所集成的网卡芯片，与之相对应，在主板的背板上也有相应的网卡接口（RJ-45），该接口一般位于音频接口或 USB 接口附近。

图 2-5　板载 ALC650 声卡芯片　　　　图 2-6　板载 RTL8100B 网卡芯片

（3）内存条插槽（如图 2-7 所示）的作用是安装内存条。常见的内存条插槽有 DIMM（SDRAM 为 168 线，DDR 为 184 线，DDR2 为 240 线）。插槽的线数是与内存条的引脚数一一对应的，线数越多插槽越长。

DDR 内存条可以提供 64 位线宽的数据，工作电压为 2.5V。DDR2 内存条，工作电压为 1.8V。

（4）总线扩展槽

在主板上占用面积最大的部件就是总线扩展插槽，用于扩展 PC 机功能的插槽通常称为 I/O 插槽，大部分主板都有 3～8 个扩展槽（Slot），它是总线的延伸，也是总线的物理体现，在它上面可以插入标准选件，如网卡、多功能 I/O 卡、解压卡、MODEM 卡、声卡等。

① PCI 插槽（如图 2-8 所示）。PCI 是 Peripheral Component Interconnect 的缩写，可翻译为"外部设备互连"。它是一个先进的高性能局部总线，PCI 扩展插槽具有较高的数据传输速率及很强的负载能力（相对于 ISA，VL 而言），并可适用于多种硬件平台。

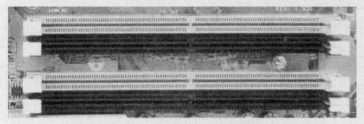

图 2-7　184 线的内存条插槽图　　　　　　　　　图 2-8　PCI 扩展槽

② AGP 插槽（如图 2-9 所示）。AGP 是 Accelerated Graphics Port 的缩写（高速图形端口），也称为 AGP 总线，是 Intel 公司为提高计算机系统的 3D 显示速度而开发的，仅用于 AGP 显卡的安装。目前 AGP 端口标准已由 AGP1.0（1x、2x）发展到 AGP2.0（AGP 4x）和 AGP3.0（AGP 8x），最大数据传输速率可高达 2132MB/s。

图 2-9　AGP 插槽

AGP 插槽性能参数如表 2-1 所示。

表 2-1　AGP 插槽性能参数

项　目	AGP1.0		AGP2.0（AGP 4X）	AGP3.0（AGP 8X）
	AGP 1X	AGP 2X		
工作频率	66MHz	66MHz	66MHz	66MHz
传输带宽	266MB/s	533MB/s	1066MB/s	2132MB/s
工作电压	3.3V	3.3V	1.5V	1.5V
单信号触发次数	1	2	4	4
数据传输位宽	32bit	32bit	32bit	32bit
触发信号频率	66MHz	66MHz	133MHz	266MHz

目前常用的 AGP 接口为 AGP 4X 和 AGP 8X 接口。AGP 8X 规格与以前的 AGP 1X/2X 模式不兼容。而对于 AGP 4X 系统，AGP 8X 显卡可以在其上工作，但仅会以 AGP 4X 模式工作，无法发挥 AGP 8X 的优势。

③ PCI-Express 插槽（如图 2-10 所示）。PCI-Express 技术于 2002 年年底被审核批准，而拥有 PCI Express 技术的主板也正式面世。这项技术将在未来十年甚至更长的时间内解决带宽不足的问题。当前，PCI Express 共分为六种规格。

这六种规格分别为 x1、x2、x4、x8、x12、x16。其中 x4、x8 和 x12 三种规格是专门针对服务器市场的，而 x1，x2 以及 x16 这三种规格则是为普通计算机设计的。

PCI-Express 技术传输数据速率的性能指标含义，x1 表示有 1 条数据通道，x2 表示有 2 条数据通道，x4 表示有 4 条数据通道，依此类推。其中每条数据通道均由 4 个针脚组成。PCI-Express 可达到的带宽比较如表 2-2 所示。

表 2-2　PCI-Express 可达到的带宽比较

PCI-Express 标准	数据通道与带宽
x1	500MB/s（单数据通道—双向）
x2	1000MB/s（双数据通道—双向）
x4	2000MB/s（四倍数据通道—双向）
x8	4000MB/s（八倍数据通道—双向）
x12	6000MB/s（十二倍数据通道—双向）
x16	8000MB/s（单向 4000MB/s 双向）

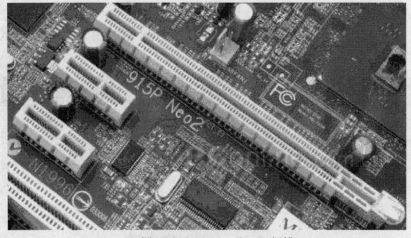

图 2-10　PCI-E x1 和 x16 插槽

（5）硬盘、光驱和软驱插座

① EIDE 插座最重要的用处是连接 EIDE 硬盘和 EIDE 光驱。标准的 EIDE 插座具有每秒 16.7MB 的数据传输速度，主板支持 Ultra DMA/66 规范，能以每秒 66MB 的速度与 Ultra DMA/66 接口的硬盘交换数据。现在的主板一般传输速度达 133MB/s 和 150MB/s 以上，采用 80 芯的信号线并标有"SYSTEM"字样的一端同主板相连。

586 以后的主板都集成了 EIDE（硬盘驱动器）接口插座（如图 2-11 所示）。该功能也可以通过 BIOS 设置或跳线开关来屏蔽。EIDE 插座一般为 40 针双排针插座，586 主板上都有两个 EIDE 设备插座，分别标注为 EIDE1 和 EIDE2，也有的主板将 EIDE1 标注为 Primary IDE，EIDE2 标注为 Secondary IDE。主板在接口插座的四周加了围栏，其中一边有个小缺口，标准的电缆插头只能从一个方向插入，避免了错误的连接方式。

Pentium 主板的两个 EIDE 插座，总共可以接四个 EIDE 设备，如硬盘、光驱、刻录机、DVD 光驱等。若只有一个硬盘和一个光驱，推荐将硬盘接在 EIDE1 口上，光驱接在 EIDE2 口上，光驱和硬盘均跳为 Master。

图 2-11　EIDE 和软驱插座

　　② Serial ATA（如图 2-12 所示）采用串行连接方式，串行 ATA 总线使用嵌入式时钟信号，具备了更强的纠错能力，串行接口还具有结构简单、支持热插拔的优点。

图 2-12　Serial ATA 插座

　　③ 586 以后的主板上都集成了软盘驱动器插座（如图 2-11 所示）。该功能也可以通过 BIOS 或跳线开关来屏蔽。主板上的软驱插座一般为一个 34 针双排针插座，标注为 Floppy 或 FDC。主板还在插针的周围加了围栏，其中一边有小缺口，标准的电缆插头只能从一个方向插入，避免了错误的连接方式。一个软盘驱动器插座可以接两台软盘驱动器。

　　（6）电源插座

　　主机板、CPU 和所有驱动器都是经由电源插座供电。ATX 电源插座是 20 芯或 24 芯双列插座，如图 2-13 所示，具有防插错结构。在软件的配合下，ATX 电源可以实现软件关机和通过键盘、调制解调器唤醒开机等电源管理功能。

　　（7）ATX 主板将 PS/2、USB、COM1、COM2 和并行口集中一起，如图 2-14 所示。

图 2-13　主板上 ATX 电源插座

图 2-14　外部设备接口

① 586 以后的主板上集成了串行通信接口，供微机本身的串口 1、2 使用。这些接口功能可以通过 BIOS 设置或主板上的跳线开关进行屏蔽。

可在机箱的背面见到串行接口，主板上的串行接口一般为 D 型 9 针。

② 586 以后的主板上都集成了并行打印机接口。该接口功能可以通过 BIOS 设置或主板上的跳线开关进行屏蔽。

主板上的并行接口可在机箱的背面见到一般为一个 25 针的 D 型插座。并口是以字节方式传输数据的，一般而言，并口的数据传输速率比串口快，大约从 40KB/s 到超过 1MB/s。多数 PC 机只有一个并口。

并口一般有 4 种工作模式：单向、双向、EPP 和 ECP。多数 PC 机的并口支持全部 4 种模式。可以在 CMOS 设置程序的 Peripherals 部分查看 PC 机并口所支持的模式。

③ 采用 PS/2 口来连接鼠标和键盘。586 以后的主板上都有 PS/2 接口。

④ USB 是一种计算机连接外围设备的 I/O 接口标准。USB 提供机箱外的即插即用连接，连接外设时不必再打开机箱，也不必关闭主机电源。目前主板一般有 2～8 个 USB 接口。USB1.1 接口的传输速度仅为 12Mb/s。USB 2.0 接口的数据传输速度增加到了 480Mb/s。

⑤ IEEE 1394 接口。IEEE 1394，又称作 "Fire wire" 即 "火线"，也称作 "高速串行总线"。很多 DV（数码摄像机）、外置扫描仪、外置 CD-RW 等都配备 1394 接口。

没有 IEEE 1394 接口的主板也可以通过插接 IEEE 1394 扩展卡的方式获得此功能。USB 接口与 IEEE 1394 接口性能比较如表 2-3 所示。

表 2-3　USB 接口与 IEEE 1394 接口性能比较

	USB 1.1	USB 2.0	IEEE 1394
传输速度	12Mb/s	480Mb/s	400Mb/s
支持长度	5m	5m	4.5m
支持特性	PnP、热拔插	PnP、热拔插	PnP、热拔插
支持设备	127 个	127 个	63 个

主板背面除以上介绍的常见接口外，如果主板中集成声卡、网卡、显卡就有相应的接口。

（8）机箱面板指示灯及控制按键排针

ATX 主板的机箱面板指示灯及控制按键排针如图 2-15 所示。

① 系统电源指示灯排针（3-1 pin PWR.LED）。这个排针是连接到系统电源指示灯上的，当计算机正常运行时，指示灯是持续点亮的；当计算机进入睡眠模式时，这个指示灯就会交互闪烁。

② 系统机箱喇叭排针（4-pin SPEAKER）。机箱喇叭排针，用来接面板上的喇叭。

③ 硬盘指示灯（2-pin HDD.LED）。硬盘读写指示灯，LED 为红色，灯亮表示正在进行硬盘操作。

图 2-15 指示灯及控制按键排针

④ ATX 电源开关/软开机功能排针（2-pin PWR.SW）。这是一个连接面板触碰开关的排针，这个触碰开关可以控制计算机的运行模式。当计算机正常运行的时候单击按钮（单击时间不超过四秒钟），则计算机会进入睡眠状态；而再按一次按钮（同样不超过四秒钟），则会使计算机重新恢复运行。一旦按钮时间持续超过四秒钟，则会进入待机模式。在操作系统 Windows 98 中，如果单击电源开关即可进入睡眠模式（CPU 将会停止，Clock 运行）。

⑤ 重置按钮排针（2-pin RESET）。这是用来连接面板上复位按钮的排针，可以直接按面板上的 RESET 按钮来使计算机重新开机，这样也可以延长电源供应器的使用寿命。

主板上的排针一般由表 2-4 组成，该排针连接机箱面板的各个指示灯及控制按键。

表 2-4 主板机箱面板指示灯及控制按键排针说明

主板标注	用　途	针数	插针顺序及机箱接线常用颜色
RST （Reset）	复位接头，用硬件方式重新启动计算机	2 针	无方向性接头，绿黑
PWR.SW	电源开关	2 针	无方向性接头
POWER LED	电源指示灯接头，电源指示灯为绿色，灯亮表示电源接通	3 针	1. 蓝（+）PWLED 2. 未用 3. 黑（一）
SPK （Speaker）	喇叭接头，使计算机发声	4 针	无方向性接头 1. 黑 2. 未用 3. 未用 4. 红（+5V）
HDD LED （IDE LED）	硬盘读写指示灯接头，LED为红色，灯亮表示正在进行硬盘操作	2 针	1. 红（+）2. 白（一）

注意

表中标出的插头连线颜色仅供参考，不同机箱插头连接颜色可能不同。

除以上介绍之外，主板上一般都设有多组跳线开关，用于设置 CPU 的外频、倍频，清除 CMOS 内容等功能。不同的主板在主板上还有不同的功能排针，功能排针需连接外围设备或仪器方可使用。

2.1.2 微处理器

CPU（Central Processing Unit）中文名称为中央处理器或中央处理单元，也称为 MPU（Micro Processing Unit，微处理器），是计算机的大脑，是一块进行算术运算和逻辑运算、对指令进行分析并产生各种操作和控制信号的芯片。CPU 集成了上万个晶体管，可分为控制单元、逻辑单元、存储单元三大部分。内部结构可分为：整数运算单元、浮点运算单元、MMX 单元、L1 Cache 单元、L2 Cache 单元和寄存器。计算机配置 CPU 的型号实际上代表着计算机的基本性能水平。目前市场上流行的主要是多功能 Pentium 4 以上的 CPU，如图 2-16 所示。

图 2-16　Intel 处理器外观

世界上生产 PC 机 CPU 的厂商主要有 Intel、AMD、VIA、TRANSMETA、IDT、IBM 等。

CPU 的品种很多，主要有不同主频的 CPU，有不同接口（针脚）的 CPU，有不同用途的 CPU，有不同核心的 CPU，有不同前端总线频率的 CPU，有不同厂商生产的 CPU。

1．CPU 的插座

486 以上主板配有 CPU 插座，CPU 需单独选购。早期的 CPU 插座支持不同的 CPU 类型情况，如表 2-5 所示。

表 2-5　早期 CPU 插座支持不同的 CPU 类型情况

CPU 接口类型	管脚数 PINS	插座类型	电压	支持的 CPU 类型
Socket 1	169	ZIF	5V	Intel 80486DX4 80486SX OverDrive 系列 CPU
Socket 2	238	ZIF	5V	Intel 80486DX 80486DX2 80486DX4 80486SX OverDrive 系列 CPU
Socket 3	237	ZIF	3.3/5V	Intel 80486DX 80486DX2 80486DX4 80486SX OverDrive 系列 CPU
Socket 4	273	ZIF	5V	支持 Intel 60MHz～66MHz P5T 系列 CPU
Socket 5	320	ZIF	3.3V	支持 Intel 75MHz～166MHz P54C/P54CS 系列 CPU
Socket 6	235	IF	3.3V	Intel 80486DX4/Pentium 系列 CPU
Socket 7	321	ZIF	3.3V	支持 Intel 75MHz～200MHz P54C/P54CS/P55C 系列 CPU 支持 AMD K5/K6-2/K6-3 支持 Cyrix 6X86/6X86L/M Ⅱ/MediaGX
Socket 8	387	ZIF	2.1-3.5V	支持 Intel 150MHz～200MHz Pentuim Pro 系列 CPU
Socket 370	370	ZIF	1.3-3.3V	支持 Intel celeron/Celeron Ⅱ/PentiumⅢCoppermine/Cyrix Joshua 系列 CPU 支持 Cyrix MⅢ
Socket 423	423	ZIF	1.75V	支持 Intel Pentium 4 CPU（主要 0.18μm 技术）
Socket 478	478	ZIF	1.75V	支持 Intel Pentium 4 CPU（主要 0.13μm 以前的技术）
Socket A	462	ZIF	1.3-2.05V	支持 APPLE G3 系列 CPU 支持 AMD 的 Duron/Thunderbird 等核心
Slot 1	242	Slot	1.3-3.3V	支持 Intel Celeron/Pentium Ⅱ/PentiumⅢ系列 CPU
Slot 2	330	Slot	1.3-3.3V	支持 Intel Pentium Ⅱ/PentiumⅢ Xeon 系列 CPU
Slot A	242	Slot	1.3-3.3V	支持 Intel AMD K7 Athlon 系列 CPU

目前 CPU 的插座基本情况：

（1）Socket 478 插座（如图 2-17 所示）是目前 Pentium 4 系列处理器所采用的接口类型，针脚数为 478 针。Socket 478 的 Pentium 4 处理器面积很小，其针脚排列极为紧密。采用 Socket 478 插槽的主板产品数量众多，不过目前已逐渐退出市场。

（2）Socket 775 又称为 Socket T（如图 2-18 所示），是目前应用于 Intel LGA775 封装的 CPU 所对应的接口，目前采用此种接口的有 LGA775 封装的 Pentium 4、Pentium 4 EE、Celeron D 等 CPU。与 Socket 478 接口 CPU 不同，Socket 775 接口 CPU 的底部没有传统的针脚，而代之以 775 个触点，即并非针脚式而是触点式，通过与对应的 Socket 775 插槽内的 775 根触针接触来传输信号。Socket 775 接口不仅能够有效提升处理器的信号强度、提升处理器频率，同时也可以提高处理器生产的优品率、降低生产成本。随着 Socket 478 的逐渐淡出，Socket 775 成为 Intel 平台 CPU 的标准接口。

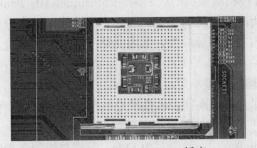

图 2-17　Socket 478 CPU 插座

图 2-18　Socket 775 CPU 插座

目前，采用 Socket 775 插槽的主板数量逐渐增多，主要是 Intel 915/925 系列芯片组主板，也有采用比较成熟的老芯片组例如 Intel 865/875/848 系列以及 VIA PT800/PT880 等芯片组的主板。

（3）Socket 462 插座也叫 Socket A 接口，是目前 AMD 公司 Athlon XP 和 Duron 处理器的插座接口。Socket A 接口具有 462 插孔，可以支持 133MHz 外频。

（4）Socket 754 插座（如图 2-19 所示）是 2003 年 9 月 AMD 64 位桌面平台最初发布时的标准插槽，是目前低端的 Athlon 64 和高端的 Sempron 所对应的插槽标准，具有 754 个 CPU 针脚插孔，支持 200MHz 外频和 800MHz 的 Hyper Transport 总线频率，但不支持双通道内存技术。Socket 754 是目前广泛采用的 AMD 64 位平台标准。

（5）Socket 939 插座（如图 2-20 所示）是 AMD 公司 2004 年 6 月才发布的 64 位桌面平台标准，是目前高端的 Athlon 64 以及 Athlon 64 FX 所对应的插槽标准，具有 939 个 CPU 针脚插孔，支持 200MHz 外频和 1000MHz 的 Hyper Transport 总线频率，并且支持双通道内存技术。Socket 939 目前的配套主板也逐渐增多。

（6）Socket AM2 插座。Socket AM2（940 根 CPU 针脚）是 2006 年 5 月底发布的支持 DDR2 内存的 AMD 64 位桌面 CPU 的接口标准，支持双通道 DDR2 内存。目前采用 Socket AM2 接口的有低端的 Sempron、中端的 Athlon 64、高端的 Athlon 64 X2 以及顶级的 Athlon 64 FX 等全系列 AMD 桌面 CPU，支持 200MHz 外频和 1000MHz 的 Hyper Transport 总线频率，支持双通道 DDR2 内存，其中 Athlon 64 X2 以及 Athlon 64 FX 最高支持 DDR2800，Sempron 和 Athlon 64

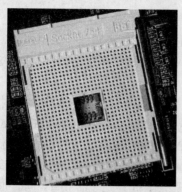

图 2-19　Socket 754 CPU 插座

图 2-20　Socket 939 CPU 插座

最高支持 DDR2667。按照 AMD 的规划，Socket AM2 接口将逐渐取代原有的 Socket 754 接口和 Socket 939 接口，从而实现桌面平台 CPU 接口的统一。

2. CPU 的主要性能指标

CPU 作为整个微机系统的核心，往往是各种档次微机的代名词，如 Pentium Ⅲ、Pentium 4、AMD Athlon 64 等 CPU 的性能大致上反映了所配置微机的性能，因此它的性能指标十分重要。

（1）时钟频率是 CPU 在单位时间（s）内发出的脉冲数，常用兆赫（MHz）为单位。时钟频率越高，运算速度就越快。

现在的 Pentium 4 和 AMD Athlon 64 处理器工作频率超过了 3GHz。

（2）外部时钟频率（外频）和倍频。外部时钟频率则表示系统总线的工作频率；而倍频则是指 CPU 的外频与主频相差的倍数。三者有十分密切的关系：主频=外频×倍频。

（3）前端总线频率。英文名称叫 Front Side Bus，一般简写为 FSB。前端总线频率指的是数据传输的实际速度，即每秒钟 CPU 可接受的数据传输量。前端总线的速度越快，CPU 的数据传输就越迅速。前端总线的速度主要用前端总线的频率来衡量。现在高档的处理器的 FSB 频率等于外频的 4 倍。

（4）超线程技术（Hyper-Threading，简写为 HT）。这是 Intel 针对 Pentium 4 指令效能比较低这个问题而开发的。超线程是一种同步多线程执行技术，采用此技术的 CPU 内部集成了两个逻辑处理器单元，相当于两个处理器实体，可以同时处理两个独立的线程。通俗一点说，超线程就是能把一个 CPU 虚拟成两个，相当于两个 CPU 同时运作，从而达到加快运算速度的目的。

（5）运算速度。CPU 的运算速度通常用每秒执行基本指令的条数来表示，常用的单位是 MIPS（Million Instruction Per Second），即每秒百万条指令数，是 CPU 执行速度的一种表示方式。

（6）Cache 的容量和速率。缓存是指可以进行高速数据交换的存储器，它先于内存与 CPU 交换数据，因此速度很快。L1 Cache（一级缓存）是 CPU 第一层高速缓存。内置的 L1 高速缓存的容量和结构对 CPU 的性能影响较大，一般 L1 缓存的容量通常在 20～256KB。L2 Cache（二级缓存）是 CPU 的第二层高速缓存，现在主流 CPU 的 L2 高速缓存最大的是 2048KB。

（7）核心（Die）又称为内核，是 CPU 最重要的组成部分。CPU 中心那块隆起的芯片就是核心，是由单晶硅以一定的生产工艺制造出来的，CPU 所有的计算、接收/存储命令、处理数据都由核心执行。各种 CPU 核心都具有固定的逻辑结构，一级缓存、二级缓存、执行单元、指令级单元和总线接口等逻辑单元都会有科学的布局。

不同的 CPU（不同系列或同一系列）都会有不同的核心类型。一般说来，新的核心类型往往比老的核心类型具有更好的性能。

　　双核处理器就是基于单个硅晶片的一个处理器上拥有两个一样功能的处理器核心，也就是将两个物理处理器核心整合入一个内核中。虽然双核心处理器的性能较单核心处理器有所提升，但考虑到目前大部分的应用程序，如 Office 办公软件、游戏、视频播放等应用都是单线程的，因此对于大多数用户来说选择单核心处理器仍是最佳选择。而对于进行专业视频、3D 动画和 2D 图像处理的用户来说，就有必要考虑一下双核心的系统。

　　（8）64 位技术。64 位技术是相对于 32 位而言的。这个位数指的是 CPU GPRs（General-Purpose Registers，通用寄存器）的数据宽度为 64 位，64 位指令集就是运行 64 位数据的指令，也就是说处理器一次可以运行 64bit 数据。要实现真正意义上的 64 位计算，光有 64 位的处理器是不行的，还必须有 64 位的操作系统以及 64 位的应用软件才行。目前主流 CPU 使用的 64 位技术主要有 AMD 公司的 AMD 64 位技术、Intel 公司的 EM64T 技术和 Intel 公司的 IA-64 技术。

　　（9）支持的扩展指令集。SSE（Streaming SIMD Extensions，单指令多数据流扩展）指令集包括了 70 条指令，其中包含提高 3D 图形运算效率的 50 条 SIMD（单指令多数据技术）浮点运算指令、12 条 MMX 整数运算增强指令、8 条优化内存中连续数据块传输指令。理论上这些指令对目前流行的图像处理、浮点运算、3D 运算、视频处理、音频处理等诸多多媒体应用起到全面强化的作用。

　　SSE2（Streaming SIMD Extensions 2）称为 SIMD 流技术扩展 2 或数据流单指令多数据扩展指令集 2，SSE2 使用了 144 个新增指令，扩展了 MMX 技术和 SSE 技术，这些指令提高了广大应用程序的运行性能。随 MMX 技术引进的 SIMD 整数指令从 64 位扩展到了 128 位，使 SIMD 整数类型操作的有效执行率成倍提高。双倍精度浮点 SIMD 指令允许以 SIMD 格式同时执行两个浮点操作，提供双倍精度操作支持有助于加速内容创建、财务、工程和科学应用。

　　SSE3（Streaming SIMD Extensions 3）称为 SIMD 流技术扩展 3 或数据流单指令多数据扩展指令集 3，SSE3 在 SSE2 的基础上又增加了 13 个额外的 SIMD 指令。SSE3 中 13 个新指令的主要目的是改进线程同步和特定应用程序领域，例如媒体和游戏。这些新增指令强化了处理器在浮点转换至整数、复杂算法、视频编码、SIMD 浮点寄存器操作以及线程同步等五个方面的表现，最终达到提升多媒体和游戏性能的目的。

　　（10）CPU 的虚拟化技术可以单 CPU 模拟多 CPU 并行，允许一个平台同时运行多个操作系统，并且应用程序都可以在相互独立的空间内运行而互不影响，从而显著提高计算机的工作效率。

　　虚拟化技术与多任务以及超线程技术是完全不同的。多任务是指在一个操作系统中多个程序同时并行运行，而在虚拟化技术中，则可以同时运行多个操作系统，而且每一个操作系统中都有多个程序运行，每一个操作系统都运行在一个虚拟的 CPU 或者是虚拟主机上；而超线程技术只是单 CPU 模拟双 CPU 来平衡程序运行性能，这两个模拟出来的 CPU 是不能分离的，只能协同工作。

　　（11）生产工艺技术：指在硅材料上生产 CPU 时内部各元器件间的连线宽度，一般用微米（μm）表示。微米数值越小，生产工艺越先进，CPU 内部功耗和发热量就越小。目前生产工艺为 65nm 以下。

2.1.3　内存条

1. 内存条的接口

　　DIMM 是 Dual Line Memory Module 的缩写，双边接触内存模块，即这种类型接口内存的插板两边都有内存接口触片。这种接口模式的内存广泛应用于现在的计算机中，早期通常为 84 针，但由于是双边的，所以一共有 84×2=168 线触点，人们经常把这种内存称为 168 线内存。DDR 内存条也属于 DIMM 接口类型，DDR 内存条有 184 个触点，使用 2.5V 的电压，单个时钟周期内上升沿和下降沿都传输数据。

DDR2（Double Data Rate 2）SDRAM 是由 JEDEC（电子设备工程联合委员会）进行开发的一代内存技术标准，DDR2 内存每个时钟能够以 4 倍外部总线的速度读/写数据。DDR2 内存采用 1.8V 电压。DDR2 内存条有 240 个触点。DDR2 也属于 DIMM 接口类型。

内存条一般有 128MB、256MB、512MB 和 1024MB 等几种，同样容量的内存条可以有不同数量的内存芯片，有些内存条设有奇偶校验位。内存的读写速度与 CPU 的工作速度相适应。

DIMM 内存接口提供 64 位有效数据位。目前，DIMM 内存接口已成为主流产品。内存条和内存条插槽如图 2-21 所示。

图 2-21　内存条插槽和内存条

2. DDR 与 DDR2 内存条

存储器芯片焊在一小条印制电路板上构成内存条，使用的存储芯片不同，相应的内存条的性能也不同。目前常见的内存条有 DDR 和 DDR2。

（1）DDR SDRAM 简称 DDR。DDR SDRAM（如图 2-22 所示）就是双倍数据传输速率的 SDRAM，习惯上简称为 "DDR"。

图 2-22　DDR SDRAM 和 SDRAM

传统的 SDRAM 只在时钟周期的上升沿传输指令、地址和数据。而 DDR 内存的数据线有特殊的电路，可以让它在时钟的上升沿和下降沿都传输数据。所以 DDR 在每个时钟周期可传输两个字，而 SDRAM 只能传输一个字。

DDR 内存目前主要版本有 PC2100（DDR266）、PC2700（DDR333）、PC3200（DDR400）和 PC4300（DDR533）。它们的总线宽度工作频率和峰值带宽是：工作频率分别为 133MHz、166MHz、200MHz 和 266MHz；最大带宽分别为：133×2×64/8 约为 2100MB/s、166×2×64/8 约为 2700MB/s、200×2×64/8 约为 3200MB/s 和 266×2×64/8 约为 4300MB/s。

SDRAM 与 DDR SDRAM 两者的外观非常相似，但 DDR SDRAM 只有一个定位槽，而普通的 SDRAM 有两个定位槽，两者并不兼容。

（2）DDR2（Double Data Rate 2）SDRAM 简称 DDR2（如图 2-23 所示），它与 DDR 内存相比虽然同是采用了在时钟的上升/下降沿同时进行数据传输的基本方式，但 DDR2 内存却拥有两倍于上一代 DDR 内存预读取能力（即 4bit 数据读预取）。换句话说，DDR2 内存每个时钟能够以 4 倍外部总线的速度读/写数据，并且能够以内部控制总线 4 倍的速度运行。

图 2-23　DDR 2 SDRAM

目前，已有的标准 DDR2 内存分为 DDR2400 和 DDR2533，还会有 DDR2667 和 DDR2800，其核心频率分别为 100MHz、133MHz、166MHz 和 200MHz，等效的数据传输频率（FSB）分别为 400MHz、533MHz、667MHz 和 800MHz，其对应的内存传输带宽分别为 3.2GB/s、4.3GB/s、5.3GB/s 和 6.4GB/s，按照其内存传输带宽分别标注为 PC23200、PC24300、PC25300 和 PC26400。

DDR2 内存均采用 FBGA 封装形式。不同于目前广泛应用的 TSOP 封装形式，FBGA 封装提供了更好的电气性能与散热性，为 DDR2 内存的稳定工作与未来频率的发展提供了良好的保障。

DDR2 内存采用 1.8V 电压，相对于 DDR 标准的 2.5V，降低了不少，从而提供了明显的更小的功耗与更小的发热量。

3. 内存条的性能指标

存储器的特性由它的技术参数来描述，存储器的主要性能指标有：

（1）容量。DDR SDRAM 内存容量大多为 256MB、512MB 和 1024MB。

（2）内存的主频。内存主频和 CPU 主频一样，习惯上被用来表示内存的速度，它代表着该内存所能达到的最高工作频率。以 MHz（兆赫）为单位。目前主流的 DDR 内存频率为 400MHz 和 533MHz，DDR2 内存为 533MHz、667MHz 和 800MHz。

（3）内存的奇偶校验。为检验内存在存取过程中是否准确无误，每 8 位容量配备 1 位作为奇偶校验位，配合主板的奇偶校验电路对存取的数据进行正确校验，这需要在内存条上额外加装一块芯片。而在实际使用中，有无奇偶校验位对系统性能并没有什么影响，所以目前大多数内存条上已不再加装校验芯片。

（4）内存的数据宽度和带宽。数据宽度指内存同时传输数据的位数，以 bit 为单位。DDR2 和 DDR 的数据宽度为 64 位。内存的带宽指内存的数据传输速率。

（5）CAS。CAS 是等待时间，意思是 CAS 信号需要经过多少个时钟周期之后才能读写数据。这是在一定频率下衡量支持不同规范的内存的重要标志之一。目前 DDR SDRAM 的 CAS 有 2、2.5 和 3，也就是说其读取数据的等待时间可以是两三个时钟周期，标准应为 2，但为了稳定，降为 3 也是可以接受的。在同频率下 CAS 为 2 的内存较 3 的为快。

（6）SPD。SPD 位于 PCB 的一个 4mm 左右的小芯片上，是一个 256 字节的 EEPROM，保存内存条一些设置，模块周期信息等数据，同时负责自动调整主板上内存条的速度。

2.1.4　机箱与电源

1. 机箱

机箱（如图 2-24 所示）是一台微机的外观，也是一台微机的主架。机箱的主要作用：首先，它提供空间给电源、主机板、各种扩展板卡、软盘驱动器、光盘驱动器、硬盘驱动器等存储设备，并通过机箱内部的支撑、支架、各种螺丝或卡子、夹子等连接件将这些零配件牢固固定在机箱内部，形成一个集约型的整体；其次，它坚实的外壳保护着板卡、电源及存储设备，能防压、防冲击、防尘，并且它还能发挥防电磁干扰、辐射的功能，起屏蔽电磁辐射的作用。机箱须扩展性能良好，有足够数量的驱动器扩展仓位和板卡扩展槽数，以满足日后升级扩充的需要；通风散热设计合理，能满足电脑主机内部众多配件的散热需求。在易用性方面，有足够数量的各种前置接口，例如前置 USB 接口，前置 IEEE 1394 接口，前置音频接口，读卡器接口等。

图 2-24　主机箱

除此之外，机箱还提供了许多便于使用的面板开关指示灯等，让操作者更方便地操纵微机或观察微机的运行情况。

机箱的外壳通常由一层 1mm 以上的钢板制成，在它上面还镀有一层很薄的锌。内部的支架主要由铝合金条或者铝合金板制成。

其主要部件及作用如下。

（1）主板固定槽：其作用是安装主板。

（2）支撑架孔和螺丝孔：卧式机箱在箱底部，立式机箱一般在箱体右侧，主要是用于安装支撑架（塑料件）和主板固定螺丝的。

（3）驱动器槽（架）：用来安装硬盘、软驱及光驱等。

（4）电源盒固定槽：用于安装主机电源盒，一般在机箱后面角落处。

（5）板卡固定槽：在机箱主板后侧，主要用于固定如显示卡、声卡等各种板卡。ATX 机箱的串行口及 USB 口等集中在机箱后侧一个较大的开口处。

（6）键盘孔：键盘插头通过该孔与主板键盘插座相接。

（7）驱动器挡板：安装软驱、光驱时，取下挡板；不安装时加上挡板，保证机箱面板的美观及安全。

（8）控制面板：在机箱的前面，上面有电源开关（Power Switch）、电源指示灯（Power）、硬盘指示灯（HDD）、复位按钮（RESET）等。

（9）控制面板接线及插针：主要将控制面板的控制指定传给主机或显示主机的状态。

（10）电源开关及开关孔：机箱一般自配电源开关，机箱留有电源开关孔，该孔主要用来固定开关，开关主要为主机接通或关闭电源。

（11）喇叭：每个机箱都固定一只小喇叭，阻抗为 8Ω，功率 0.25～0.5W，主要用于主机发出的各种提示声音，特别是启动过程发生故障时使用。

（12）前面板：主要用于装饰、粘贴商标等。

2. 电源

微机电源也称为电源盒或电源供应器（Power Supply），是微机系统中非常重要的辅助设备。微机电源有内部电源和外部电源之分，常说的电源主要是指内部电源，即安装在机箱内部的电源，其主要功能是将 220V 交流电（AC）变成正、负 5V 及正、负 12V 的直流电（DC）和正的 3.3V，除此之外还具有一定的稳压作用。

电源主要为主板、各种扩展卡、软驱、光驱、硬盘和键盘供电。其外形如同一个方盒，安装在主机箱内，一般外形尺寸为 165mm×150mm×150mm，如图 2-25 所示。

图 2-25　主机的电源

一般电源由电源外壳、输入电源插座、显示器电源插座、主板电源插头、外部设备电源插头和散热风扇等组成。

（1）电源插座。主要用于将市电送给微机电源。

（2）显示器插座（有的电源无显示器插座）。通过主机控制显示器的开与关。这个插座所输出的电压并未经主机电源的任何处理，只是受主机电源开关的控制，主机开则插座有电（220V），主机关则插座无电。可实现主机与显示器同时开、关。

（3）很多主板除了主供电接口外，还可能需要 4 针，甚至 8 针的独立供电接口，通常用于给 CPU 辅助供电。并且有些耗电量巨大的 PCI-Express 显卡也可能需要一个 6 针的辅助供电接口，如果是两个显卡的计算机，可能需要两个 6 针的辅助供电接口（如图 2-26 所示），4 芯电源插头主要用于 Pentium 4 CPU 的专用电源。

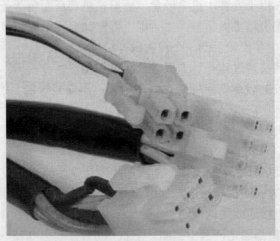

图 2-26　4 针、6 针和 8 针的辅助供电接口

（4）主板电源插头。ATX 主板电源插头是一个较大的插头，共有 20 个插针或 24 个插针，可提供+3.3V、±5V 和±12V 三组直流电压，如图 2-27 所示。本身可防插错。ATX 电源插座示意图如图 2-28 所示。

橙	+3.3V	1　11	+3.3V	橙
橙	+3.3V	2　12	-12V	蓝
黑	COM	3　13	COM	黑
红	+5V	4　14	PS-ON	绿
黑	COM	5　15	COM	黑
红	+5V	6　16	COM	黑
黑	COM	7　17	COM	黑
灰	PW-OK	8　18	-5V	白
紫	+5VSB	9　19	+5V	红
黄	+12V	10　20	+5V	红

图 2-27　ATX 主板供电的插头　　　　图 2-28　ATX 电源插座示意图

ATX 规范是 1995 年 Intel 公司制定的主板及电源结构标准，ATX 是英文（AT Extend）的缩写。ATX 电源规范经历了 ATX 1.1、ATX 2.0、ATX 2.01、ATX 2.02、ATX 2.03 和 ATX 12V 系列等阶段。

2005 年，随着 PCI-Express 的出现，带动显卡对供电的需求，因此 Intel 推出了电源 ATX 12V 2.0 规范。电源采用双路+12V 输出，其中一路+12V 仍然为 CPU 提供专门的供电输出。而另一路+12V 输出则为主板和 PCI-E 显卡供电，解决大功耗设备的电源供应问题，以满足高性能 PCI-E 显卡的需求。由于采用了双路+12V 输出，连接主板的主电源接口也从原来的 20 针增加到 24 针，分成 20+4 两个部分。分别由 12×2 的主电源和 2×2 的 CPU 专用电源接口组成。

（5）外部设备电源插头。它主要用来为软驱、硬盘、光驱等外部设备提供所需电压。一般提供 4～6 个插头，分别有专为 3 英寸软驱提供的电源插头（见图 2-29 左）和为硬盘光驱、刻录机等供电的插头（见图 2-29 右），以及为 CPU 或机箱风扇供电提供的插头等。

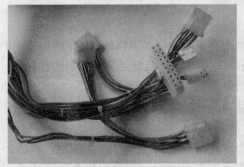

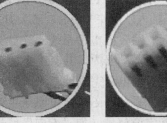

3 英寸软驱电源插头　　　　　　硬盘光驱、刻录机电源插头

图 2-29　外设电源插头

为驱动器供电的插头都由四根插针组成，其导线的颜色不同。1 号针对应黄色导线（+12V）；2、3 号针对应黑色导线（GND）；4 号针对应红色导线（+5V）。这种插头都有定位装置，一般不能插错。

（6）电源的功率。电源功率十分重要，若微机中扩展槽插件过多，或双硬盘、双光驱或双CPU，则要求电源功率必须够用，否则会使电源的工作电压不正常，导致微机工作不正常，甚至损坏电源。所以在不同的微机、不同的配置时应注意电源的功率。

若准备超频，多装一些风扇，或安装各种板卡或双硬盘、双 CPU，则 250W 的电源就不能胜任了，必须要达到 300W 或 300W 以上。

选购电源的时候应该尽量选择更高规范版本的电源。首先高规范版本的电源完全可以向下兼容。其次新规范的 12V、5V、3.3V 等输出的功率分配通常更适合当前计算机配件的功率需求，例如 ATX 12V 2.0 规范在即使总功率相同的情况下，将更多的功率分配给 12V 输出，减少了 3.3V 和 5V 的功率输出，更适合最新的计算机配件的需求。

2.2　存储设备

2.2.1　软盘驱动器

常见的软盘驱动器为 3.5 英寸，如图 2-30 所示为 3.5 英寸软盘驱动器外形。

图 2-30　3.5 英寸软盘驱动器外形

1．软盘驱动器的结构

（1）盘片驱动系统。软盘驱动器中的主轴电机承担着驱动盘片以 300r/min（普通型）的恒定转速进行旋转，当插入软盘并关门后，磁头加载子系统对磁头加载，迫使磁头与盘表面接触。

（2）数据读、写、擦电路系统。软盘驱动器的磁头将读、写、擦三功能合为一体的独立的磁头。在一个软盘驱动器内，共有上下两个磁头且功能一致，只是对"0"和"1"盘面分别操作，这些操作由一套电路完成。

（3）磁头定位系统。磁头定位系统主要由一个步进电机和磁头小车及控制电路构成，当软盘驱动器接收到定位信号（如"方向"信号和"步进"信号）时，步进电机带动磁头小车按指定的方向，做磁盘径向步进运动，直至定位到需要寻址的磁道和扇区的位置，为读、写、擦操作做好准备。

（4）控制系统。控制系统主要承担控制整个软盘驱动器各部分进行协调工作，如控制磁头定位、读、写等。

（5）状态检测系统。状态检测系统是软盘驱动器的重要组成部分。起始及中间过程操作都要通过当前状态检测，系统返回信号，以便进一步控制。状态检测系统主要包括"0"磁道检测、写保护检测、索引孔检测和更换盘片检测装置。

2．软盘的结构

软盘是涂有磁性物质的聚酯薄膜圆盘。由于盘片较柔软，故称为软磁盘，简称软盘（Floppy Diskette，或 Diskette）。

软盘的存储原理是：由驱动器的写入电路将经过编码后的"0"、"1"脉冲信号转变为磁化电流，通过驱动器的磁头使磁盘上生成对应的磁元，从而将信息记录在磁盘上。从磁盘上读出信息时，磁盘上的磁元在磁头上感应出电压，经过读出电路被还原成"0"、"1"数字信号，送到计算机中。

为了保护软盘不被磨损和沾污，软盘封装在一个方形的保护套中，构成一个不可分割的整体。图 2-31 为 3.5 英寸软盘的外观。软盘规格如表 2-6 所示。

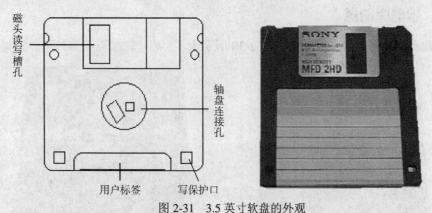

图 2-31　3.5 英寸软盘的外观

表 2-6　软盘规格

规格	尺寸	面数	磁道数/面	磁道编号	扇区数/道	总扇区数	字节数/扇区	总容量
双面高密	3.5	2	80	0-79	18	2880	512	1.44MB
扩充容量	3.5	2	80	0-79	36	5760	512	2.88MB

2.2.2 硬盘驱动器

硬盘存储器简称硬盘，是微机中广泛使用的外部存储设备，与软盘相比有速度快、容量大、可靠性高等特点。整个硬盘固定在机箱内，目前也有活动式硬盘。硬盘的外观如图 2-32 所示。

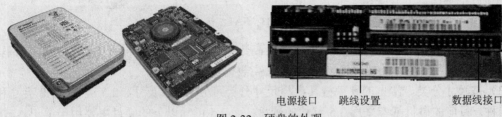

电源接口   跳线设置   数据线接口

图 2-32 硬盘的外观

1. 硬盘驱动器的类型

硬盘可按安装位置，接口标准，盘径尺寸，驱动器的厚度以及容量等几个主要方面进行分类。

（1）硬盘按安装的位置可分为内置式和外置式两种。内置式的硬盘一般固定在机箱内，而外置式的硬盘在机箱外面，可以安装或取下硬盘（热拔插式硬盘），可以带电作业，容量随所插入硬盘的容量和数量发生变化。目前有的外置式硬盘（也称活动式）可通过微机的 USB 接口和 IEEE 1394 火线接口与计算机连接。

（2）按接口标准（类型）分类，主要有：

① IDE/E-IDE 接口。IDE（Integrated Drive Electronics）集成驱动器电子接口，也称为 AT-BUS 或 ATA 接口，IDE 接口上只有一个 40 芯的插座，广泛应用于 286、386、486 等微机中。

E-IDE（Enhanced IDE）接口是在 IDE 基础上出现的且目前广泛使用的一种接口标准，又称为 ATA-2，可支持四个 E-IDE 设备。IDE/E-IDE 均采用 40 芯或 80 芯扁平电缆。E-IDE 接口卡上（或主板上）有两个 40 针的插座，标有 Primary 的 E-IDE 为主插座，标有 Secondary 的 E-IDE 为辅插座。

E-IDE 接口硬盘的传输模式，经历过三个不同的技术变化，由 PIO（Programmed I/O）模式，DMA（Direct Memory Access）模式，直至现在的 Ultra DMA 模式（简称 UDMA）。目前已发展到 Ultra ATA/100、Ultra ATA/133 和 Ultra ATA/150 了，其传输速度达 100MB/s、133MB/s 和 150MB/s。传输速度达 66MB/s 以上的硬盘，要采用 80 芯的信号线并标有 "SYSTEM" 字样的一端同主板相连。

② SCSI 接口。目前的 SCSI 标准也有 SCSI-1、SCSI-2 和 SCSI-3 三种。

SCSI-1 的传输速率达 5Mb/s，可接 8 个外围设备。

SCSI-2 又分 Fast SCSI、Fast Wide SCSI 和 Ultra SCSI 三种：

Fast SCSI，采用 8 位总线的传输速率达 10Mb/s，可接 8 个外围设备；

Fast Wide SCSI，采用 16 位总线的传输速率达 20Mb/s，可接 16 个外围设备；

Ultra SCSI，采用 8 位总线的传输速率为 20Mb/s，可接 8 个外围设备；

SCSI-3 和 Ultra SCSI-3 采用 32 位总线的传输率为 80Mb/s 和 160Mb/s，可接 16 个外围设备。

③ Serial ATA 接口采用串行连接方式（如图 2-33 所示），串行 ATA 总线使用嵌入式时钟信号，具备了更强的纠错能力。与以往相比其最大的区别在于能对传输指令（不仅仅是数据）进行检查，如果发现错误会自动矫正，这在很大程度上提高了数据传输的可靠性。串行接口还具有结构简单、支持热插拔的优点。

SATA 电源 SATA 数据
接口 接口

SATA 接口
内部结构

图 2-33 SATA 接口

目前的并行 ATA133 能达到 133MB/s 的最高数据传输率，Serial ATA 2.0 的数据传输率将达到 300MB/s，最终 SATA 将实现 600MB/s 的最高数据传输率。

（3）按尺寸分类，常见的硬盘按其盘径尺寸分类可分为 3.5 英寸、2.5 英寸、1.8 英寸和 1.3 英寸四种。目前的微机基本采用 3.5 英寸的硬盘；而 2.5 英寸以下的硬盘主要用于笔记本式计算机中，有的固定在机箱中，有的外接在 USB 的接口上。

（4）按容量分类

目前标识硬盘的容量单位是 GB。一般硬盘的容量从 30～500GB 不等。

2. 硬盘的结构

（1）硬盘的内部结构（如图 2-34 所示）是全密封结构。将磁盘、磁头、电机和电路中的前置放大器等全部密封在净化腔体内。一方面创造了磁头稳定运行的环境，能在大气环境下，甚至恶劣环境下可靠地工作。另一方面，提高了磁头、盘系统的使用寿命。净化度通常为 100 级，有的厂家使用 50 级的或更高净化度的厂房装配磁盘机。所以用户不能自行随意打开盘腔，当出现故障时只能寻求专门的维修服务。

（2）非接触的磁头、盘结构。硬盘的磁头悬浮在盘片表面，没有接触，即利用磁盘的高速旋转在盘面与磁头的浮动支承之间挤入了高速流动的空气，磁头好像飞行器一般在磁盘表面上航行，与磁盘脱离接触，没有机械摩擦。飞高只有 0.1～0.3μm，相当于一根头发丝的 1/1000～1/500。这样可获得极高的数据传输速率，以满足计算机高速度的要求。目前磁盘的转速已高达 7200r/min，正朝着 10000r/min 发展，而飞高则保持在 0.3μm 以下，甚至更低，以利于读取较大幅度的高信噪比的信号，提高存储数据的可靠性。

（3）高精度、轻型的磁头驱动、定位系统。这种系统能使磁头在盘面上快速移动，以极短的时间精确地定位在由计算机指令指定的磁道上。目前，磁道密度已高达 5400TPI，还在开发和研究各种新方法，如在盘面上挤压（或刻蚀）图形、凹槽、斑点，作为定位和跟踪的标记，以提高和光盘相等的道密度，从而在保持磁盘机高速度、高密度和高可靠性的优势下，大幅度提高存储量。

控制
电路

磁头组件

磁盘片

图 2-34 硬盘的内部结构

3. 硬盘的主要技术指标

（1）柱面数。几个盘片的相同位置的磁道上下一起形成一道道柱面，即柱面是盘片上具有相同编号的磁道。柱面数一般在几百至几千。

（2）磁头数。硬盘往往有几个盘片，一般每个盘片都有上下两个磁头，所以硬盘的磁头数有几个。为了封装的方便，往往最上和最下的盘片的外侧没有磁头。

（3）扇区数。意义与软盘相似，但不同硬盘每磁道的扇区数也不相同。每扇区一般仍为 512 字节，硬盘的文件也是按簇存放的，每个簇为 2 个以上扇区。

（4）容量。硬盘的容量指单碟容量和总容量，单碟容量在 30GB 以上，总容量是用户购买时首先应考虑的。硬盘的容量目前有 30～500GB。

（5）数据传输速率。用每秒兆字节表示（MB/s），包括最大内部数据传输速率和外部数据传输速率。最大内部传输速率指磁头至硬盘缓存间的最大数据传输速率。外部数据传输速率通称突发数据传输速率，指硬盘缓冲区与系统总线间的最大数据传输速率。

（6）硬盘的主轴转速。用每分转数表示，硬盘旋转速度在 5400～7200r/min（Rotational speed Per minute，每分转速）。

（7）存取时间。硬盘读写一个数据时，首先必须把磁头移动到数据所在磁道，然后等待所期望的数据扇区转到磁头下，所以：存取时间=寻道时间+等待时间

① 寻道时间：寻道时间通常用平均寻道时间（Average Seek Time）来衡量，因为寻找相邻的磁道所用时间短，而寻找离磁头当前位置较远的磁道用的时间长；容量越大，磁道密度越高的硬盘寻道时间越短。平均寻道时间越短越好，一般要选择寻道时间在 10ms 以下的产品。

② 等待时间也称平均潜伏时间：磁头找到所需要的磁道后等待所需的数据扇区转到磁头读写范围内所需要的时间，一般为 5ms 左右。

（8）硬盘高速缓存。高档硬盘上有 2～16MB 的 Cache，目的是提高存取速度，它的功能和意义与 CPU 上的 Cache 相似。一般带有大容量高速缓存的硬盘要贵些，用这种方法提高硬盘存取速度叫硬件高速缓存，还有一种是软件高速缓存。

2.2.3　光盘驱动器

光盘驱动器简称光驱，是读写光盘片的设备，包括 CD 驱动器和 DVD 驱动器。

光盘存储的最大优点是存储的容量大，而且光盘的读写一般是非接触性的，所以比一般的磁盘更耐用。

1. 光盘驱动器的分类

（1）根据光盘驱动器的使用场合和存储容量分类

① 内置式光盘驱动器。其尺寸大小为 5.25 英寸，直接使用标准的四线电源插头，使用方便，这也是最常见的一种光盘驱动器。

② 外置式（外接式）光盘驱动器。有 SCSI 接口，一般它需要一个 SCSI 接口卡，需要一条长电缆线；还有并行口接口、USB 接口和 IEEE 1394 接口。

③ CD 光盘驱动器和 DVD 光盘驱动器。DVD 的单面容量约为 CD 容量的 6 倍。

（2）根据光盘驱动器的接口分类

① E-IDE 接口。普通用户的光盘驱动器采用的都是这种接口，它通过信号线直接可以连到主板 E-IDE2 接口上。目前主板 E-IDE 接口有两个，可连接四台外部设备，若一条信号线连接两

台设备时要注意主从跳线。

② SCSI 接口。SCSI 接口的光盘驱动器需要一块 SCSI 接口卡，该卡可以驱动多达 16 个包括光盘驱动器在内的不同的外设，且没有主次之分。

③ USB 接口和 IEEE 1394 接口。USB 有两个规范，即 USB 1.1 和 USB 2.0，主要用于外置式光驱。

USB 1.1 是目前较为普遍的 USB 规范，其高速方式的传输速率为 12Mb/s，低速方式的传输速率为 1.5Mb/s。USB 2.0 规范是由 USB 1.1 规范演变而来的。它的传输速率达到了 480Mb/s。IEEE 1394 接口传输速率达到了 400Mb/s。

（3）根据光盘驱动器读写方式分类

① 只读型。即通常所说的 CD-ROM 或 DVD-ROM，其光盘上存储的内容具有只读性。

② 单写型。即通常所说的光盘刻录机，所使用的光盘可以一次性地写入内容。写入后即与只读型光盘一样了。单写型光盘是利用聚集激光束，使记录材料发生变化实现信息记录的。信息一旦写入则不能再更改。

③ 可擦、可读、可写型。即光盘具有和软盘一样的多次擦写的功能，可反复使用。目前这类光盘分为相变型光盘和磁光型光盘两大类。

相变型：利用激光与介质薄膜作用时，激光的热和光效应使介质在晶态、非晶态之间的可逆相变来实现反复读、写。

磁光型：利用热磁效应使磁光介质微量磁化取向向上或向下来实现信号记录和读出。

2. 光驱的传输模式

光驱的速度与数据传输技术和数据传输模式有关。目前传输技术有 CLV、CAV、PCAV。传输模式主要是 UDMA 模式（如 UDMA33）。

（1）CLV（Constant Linear Velocity）——恒定线速度。恒定的线速度就是指激光头在读取数据时，传输速率保持恒定不变。

光盘在光驱马达内旋转是一种圆周运动，光盘上的数据轨道与半径有关，即在光驱的转速保持恒定时，由于光盘的内圈每圈的数据量要比外圈少，所以读取光盘最内圈轨道上的数据比外圈快得多。这样一来，很难做到统一的数据传输速率。而马达转速频繁变化和内外圈转速的巨大差异，都将会缩短马达的使用寿命和限制 CD 数据传输速率的增加。

（2）CAV（Constant Angular Velocity）——恒定角速度。恒定角速度就是指马达的自转速度始终保持恒定。马达转速不变，不仅大大提高了外圈的数据传输速率，改善了随机读取时间，也提高了马达的使用寿命。但因线速度不断提高，在外圈读取时激光头接收的信号微弱。这种技术不能实现全程一致的数据传输速率。

（3）PCAV（partial-CAV）——部分恒定角速度。它结合了 CLA 和 CAV 的优点，在内圈用 CAV 方式工作，在马达转速不太快的情况下，其线速度则不断增加。而当传输速度达到最大时，再以 CLV 方式工作，马达的转速再逐渐变慢。这种技术一般用在 24 倍速以上的光驱。

3. 光驱的外观

不管 CD 光驱或 DVD 光驱，外观基本一样。光盘驱动器外观如图 2-35 所示。

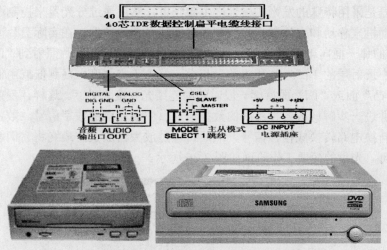

图 2-35　光盘驱动器的外观与背面图

由于生产厂家及规格品牌不同，不同类型的驱动器各部分的位置可能会有差异，但常用按钮和功能基本相同。各部分的名称及作用如下：

光盘托盘（Disc Drawer）：用于放置光盘。

耳机插孔（Headphone Jack）：在耳机插孔中插上耳机，可以听光盘播放出来的音乐。

音量旋钮（Headphone Volume Control）：播放音乐时，调节耳机音量的大小。

工作指示灯（Busy Indicator）：该灯亮时，表示驱动器正在读取数据；不亮时，表示驱动器没有读取数据。

紧急弹出孔（Emergency Eject Hole）：当停电时，插入曲别针，能够推出光盘托盘。

播放/向后搜索按钮（Play/Skip button）：要播放音乐时，按此按钮开始播放第一首，如果要播放下一首，再按此按钮，直到播放要听的音乐。

打开/关闭/停止按钮（Open/Close/Stop Button）：此按钮可以打开或关闭光盘托盘。如果正在播放，按此钮将停止播放。

光盘驱动器的背面，几乎所有的光驱背面都一样，有下列插口。

数字音频输出连接口（Digital Audio Output Connector）：可以连接到数字音频系统或声卡。

模拟音频输出连接口（Analog Audio Output Connector）：可以连接音频线，音频线的另一端连接声卡。

主盘/从盘/CSEL 盘模式跳线（Master/Slave/CSEL Jumper）：如果一条信号线连接两台 E-IDE 设备时要跳线，若跳线与硬盘冲突，机器将不能启动。

数据线插座（Interface Connector）：连接数据线，数据线的另一端连接 E-IDE2 接口。

电源插座（Power-in Connector）：连接电源的四线电源线，提供光盘驱动器的电能。

4．CD-ROM 驱动器

CD-ROM 驱动器是只读光驱，盘片直径为 120mm，可以保存大约 650MB 的数据，这些数据被记录在高低不同的凹凸起伏槽上。盘片中心有一个 15mm 的孔，向外有 13.5mm 的环是不保存任何东西的，再向外的 38mm 区才是真正存放数据的地方，盘的最外侧还有一圈 1mm 的无数据区。

在光盘的生产中，压盘机通过激光在空的光盘上以环绕方式刻出无数条数据道，数据道上有高低不同的"凹"进和"凸"起槽，每条数据道的宽度为 1.6μm。

光盘驱动器是采用特殊的发光二极管产生激光束，然后通过分光器来控制激光光线，用计算机控制的电动机来移动和定位激光光头到正确的位置读取数据。在实际盘片读取中，将带有"凹"和"凸"的那一面向下对着激光光头，激光透过表面透明的基片照射到"凹"、"凸"的面上，然后聚焦在反射层的"凹"进和"凸"起上。其中，光强度由高到低或由低到高的变化被表示为"1"，"凸"面或"凹"面持续一段时间的连续光强度为"0"。这样，反射回来的光线则被感光器采集并进一步解释成各种不同的数据信息，生成相应的数字信号。数字信号产生之后首先经过数模转换电路转换成模拟信号，然后再通过放大器放大，最终将它们解释成为我们所需要的数据即可。光盘的简要工作原理如图 2-36 所示。

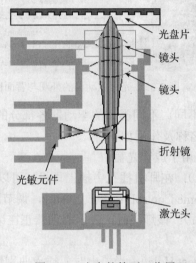

图 2-36　光盘的简要工作原理

5．CD-RW 驱动器

（1）CD-R/RW 的结构

"光盘刻录机"的外形与一般的 CD-ROM 只读光驱的外形一样，但功能有所不同。"光盘刻录机"简称 CD-R。

CD-R 不仅能将信息刻录在光盘上，而且有一般 CD-ROM（只读光驱）的功能，即 CD-R 光驱等于 CD-ROM 加 CD-R，是 CD-ROM 的改进产品。但 CD-R 一旦刻录之后便无法删除，为了能像对软盘或硬盘那样实现反复读写操作，CD-R 的厂商进一步开发了 CD-R 的改进产品——CD-RW（CD ReWritable 的缩写），可反复刻录的光驱。CD-RW 比 CD-R 刻录机多了"可反复刻录"的功能，但这个功能必须使用一种特殊的光盘才能实现。这样，CD-RW 则相当于 CD-ROM 加 CD-R+CD-RW 了。光盘刻录机有外置式（如图 2-37 所示）和内置式。

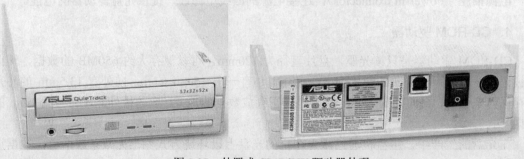

图 2-37　外置式 CD-R/RW 驱动器外观

光盘的刻录方式。制作什么类型的光盘与采用什么样的刻录方式有非常密切的关系。主要的刻录方式有以下三种。

整盘刻录（DAO，Disc At Once）：主要用于光盘的复制，一次可将整张光盘刻录完成。其特点是能够复制出与源盘一模一样的光盘。不过，由于 DAO 方式就相当于将光盘当做一个区段，如果刻录失败这张光盘也就彻底报废，所以它对数据的传送和驱动器的性能要求较高。

区段刻录（SAO，Session At Once）：这种方式一次只刻录一个区段而不是整张光盘，余下的空间可以继续使用，主要用于多区段 CD-ROM 的制作，非常适用于制作合集式光盘。

轨道刻录（TAO，Track At Once）：以轨道为单位的刻录方式。利用它，可以向一个区段分多次刻录若干轨道的数据，所以主要用于制作音乐合集或混合、特殊类型的光盘。

根据光盘的规格，可以将光盘刻录成普通数据光盘、保存软件、文字和图片等，将光盘刻录成自启动数据光盘，将光盘刻录成视频光盘如 VCD，还可以将光盘刻录成音频光盘如音乐等。

（2）CD-R 的工作原理就是在空白的 CD 盘片上烧制出"小坑"，这些"小坑"也就是记录数据的反射点。因此，所有由 CD-R 刻出的盘都可以在普通 CD-ROM 上顺利读出。当 CD-R 光盘片被记录时，CD-R 发出高功率的激光照射到 CD-R 盘片的一个特定部位上，其中的有机染料层就会被融化并发生化学变化，而这些被破坏掉的部位无法顺利地反射激光，而没有被高功率激光照射过的地方就可以靠着盘片本身的黄金层反射激光。

CD-RW 采用先进的相变（Phase Change）技术，刻录数据时，高功率的激光束反射到 CD-RW 盘片的特殊介质，产生结晶和非结晶两种状态，制作出能够提供读取的反射点，并通过激光束的照射，介质层可以在这两种状态中相互转换，达到多次重复写入的目的。

（3）CD-RW 的性能指标

① 速度。一般 CD-ROM 只读光驱只标示一个读取的速度，而 CD-R/RW 光盘刻录机则不同，它除了标示刻录的速度外，还会标示出读取的速度。CD-R 产品的速度标示如：32 速读、12 速写和 52 速读、32 速写；CD-RW 产品则会一次标示三种速度：32 速读、16 速写、10 速擦写和 48 速读、32 速写、12 速擦写等。

一倍速所需的刻录时间约是 74 分钟，二倍速所需的刻录时间约是 37 分钟，四倍速所需的刻录时间约是 18.5 分钟。

② 接口方式。CD-R/CD-RW 有 EIDE 接口、SCSI 接口、并行口、USB 接口几种连接方式，又有内、外放置的区别。其中 EIDE 接口连接方便，性能不错；SCSI 接口须另购一块 SCSI 卡，在稳定性和性能上都占优势；而外置式的产品散热性能较内置式的要好，但价格较贵。

③ 平均寻道时间。平均寻道时间是指从激光头定位到开始读写盘片所需要的时间，单位是毫秒（ms）。刻录机的平均寻道时间一般都比 CD-ROM 的平均寻道时间长，在 65ms 以上，平均寻道时间越短越好。

④ 缓存容量。刻录机的缓存容量比 CD-ROM 缓存容量大，一般为 2～8MB 之间。

⑤ 兼容性。刻录机的兼容性包括格式兼容性和软件兼容性两个方面。目前主流的刻录机一般都支持 CD-ROM、CD-R/W、CD-Audio、CD-ROM/XA、CD-I、CD-Extra、Photo-CD、Video-CD 等多种数据格式。刻录的光盘也能被大多数 CD-ROM、CD-R/RW、DVD 刻录甚至家用 VCD/DVD 机等读取，具有较好的数据兼容性。名牌刻录机，支持的刻录软件会多一些，其软件兼容性较好。

6. Combo 驱动器

Combo（康宝）驱动器（如图 2-38 所示）是集 CD-ROM、DVD-ROM 驱动器和 CD-RW 驱

动器于一身的光盘驱动器，Combo 驱动器的外观与 DVD-ROM、CD-RW、CD-ROM 驱动器相同。

Combo 驱动器有外置和内置两种，内置式就是安装在计算机主机内部，外置式则通过外部接口连接在主机上。内置式是最为普遍的光存储产品类型，几乎所有的光储厂商都生产内置式的 ATA/ATAPI 接口的产品。

Combo 驱动器支持现有盘片标准。从光储产品出现至今，存在众多标准的盘片，不同标准的盘片在性能、功能方面都各有差异。现今的光储产品都支持较多标准的盘片，都能顺利地读取数据信息。

图 2-38　Combo（康宝）驱动器

7．DVD-ROM 驱动器

DVD（Digital Video Disk），即数字视频光盘或数字影盘，如图 2-39 所示。它利用 MPEG2 的压缩技术来存储影像。DVD 驱动器能够兼容 CD-ROM 的盘片。

图 2-39　DVD 驱动器

DVD 光盘不仅已经在音/视频领域内得到了广泛的应用，而且将会带动出版、广播、通信、网络等行业的发展。

（1）DVD-ROM 光盘的存储容量

DVD 的信息存储量是 CD-ROM 的 25 倍或更多，DVD-ROM 的存储容量主要有：

- 单面单层的 DVD，最大存储容量为 4.7GB。
- 单面双层的 DVD，最大存储容量为 9.4GB。
- 双面单层的 DVD，能存储 8.5GB 的信息。
- 双面双层的 DVD，目前最大存储量为 17.8GB。

（2）DVD-ROM 驱动器的基本工作原理

DVD 驱动器的主要部件是激光头，是从 DVD 光盘拾取信息的执行部件。激光头工作的时候，首先将激光二极管发出的激光经过光学系统分成光束射向盘片，然后，从盘片上反射回来的光束再照射到光电接收器上再变成电信号。

激光头在读取信号的过程中，就是让激光在盘上扫过时与信号相遇。DVD 盘上有肉眼看不见的，排得密密麻麻称做坑点的小"凹"点，这些小"凹"点就是数据信息所在，它们排列成一圈一圈的同心圆。因为光盘的读取效率是与激光的波长二次方成反比的，激光的波长越短读取效率就越高，所以，激光光头发出的激光光波波长被聚焦得很短很短（只有 0.65μm 左右）。DVD 机必须兼容播放 CD 和 VCD 盘。不同的光盘因为结构不同，对激光的要求也就不同，这就要求 DVD 激光头在读取不同盘片时要采用不同的光功率。目前，DVD 机普遍采用的是红色半导体激光器。但是，蓝色半导体激光的波长更短，所以，蓝色半导体激光器将成为 DVD 激光源的发展方向。

8．DVD 刻录机

常见的 DVD 刻录机（如图 2-40 所示）规格有 DVD-RAM、DVD+R/RW、DVD-R/RW 和 DVD-Dual 等，DVD-RAM 是一种由先锋、日立以及东芝公司联合推出的可写 DVD 标准，它使用类似于 CD-RW 的技术。但由于在介质反射率和数据格式上的差异，目前多数标准的 DVD-ROM 光驱还不能读取 DVD-RAM 盘。

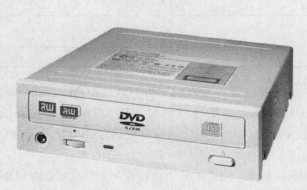

图 2-40　DVD 刻录机外观

（1）DVD-R 规范。DVD-R 是一种类似 CD-R 的一次写入性介质，对于记录存档数据是相当理想的介质；DVD-R 盘可以在标准的 DVD-ROM 驱动器上播放。DVD-R 的单面容量为 3.95GB，约为 CD-R 容量的 6 倍，双面盘的容量还要加倍。这种盘使用一层有机燃料刻录，因此降低了材料成本。

（2）DVD-RW 规范。DVD-RW 是由 Pioneer（先锋）公司于 1998 年提出的，并得到了 DVD 论坛的大力支持，其成员包括苹果、日立、NEC、三星和松下等厂商，并于 2000 年中完成 1.1 版本的正式标准。DVD-RW 刻录原理和普通 CD-RW 刻录类似，也采用相位变化的读写技术，是恒定线速度 CLV 的刻录方式。

DVD-RW 的优点是兼容性好，而且能够以 DVD 视频格式来保存数据，因此可以在影碟机上进行播放。但是，它一个很大的缺点就是格式化需要花费一个半小时的时间。另外，DVD-RW 提供了两种记录模式：一种称为视频录制模式，另一种叫做 DVD 视频模式。前一种模式功能较丰富，但与 DVD 影碟机不兼容。用户需要在这两种格式中做选择，使用不甚方便。

（3）DVD+RW 规范。DVD+RW 是目前最易用、与现有格式兼容性最好的 DVD 刻录标准，而且也便宜。DVD+RW 标准由 Rich（理光）、Philips（飞利浦）、SONY（索尼）、Yamaha（雅马哈）等公司联合开发，这些公司成立了一个 DVD+RW 联盟（DVD+RW Alliance）的工业组织。DVD+RW 采用与现有的 DVD 播放器、DVD 驱动器全部兼容，也就是在计算机和娱乐应用领域的实时视频刻录和随机数据存储方面完全兼容的可重写格式。DVD+RW 不仅仅可以作为 PC 的数据存储，还可以直接以 DVD 视频的格式刻录视频信息。随着 DVD+RW 的发展和普及，

DVD+RW 已经成为将 DVD 视频和 PC 机上 DVD 刻录机紧密结合在一起的可重写式 DVD 标准。

DVD+RW 具有 DVD-RAM 光驱的易用性，而且提高了 DVD-RW 光驱的兼容性。虽然 DVD+RW 的格式化时间需要一个小时左右，但是由于从中途开始可以在后台进行格式化，因此一分钟以后就可以开始刻录数据，是实用速度最快的 DVD 刻录机。同时，DVD+R/RW 标准也是目前唯一获得微软公司支持的 DVD 刻录标准。DVD-RW 与 DVD+RW 比较如表 2-7 所示。

表 2-7　DVD-RW 与 DVD+RW 比较

特　　　性	DVD+RW	DVD-RW
有无防刻死技术	有	无
有无纠错管理功能	有	无
CLV（恒定线速度）	有	有
CAV（恒定角速度）	有	无
在 PC 机上对已刻录出来的 DVD 视频盘片有导入再编辑的功能	有	无
有无类似于 CD 刻录中的格式化拖曳式的刻录方式	有	无
光盘刻录封口时间	较短	较长

（4）DVD-Multi 规范。DVD-Multi 在媒体格式上支持 DVD-Video、DVD-ROM、DVD-Audio、DVD-R/RW、DVD-RW、DVD-RAM、DVD-VR，当然也包括对 CD-R/RW 的支持。由于 DVD-RAM 与 DVD-R/RW 是两种互补性非常强的标准，所以将它们结合在一起，显得非常有生命力。

（5）DVD-Dual 规范，又称 DVD-Dual RW 标准，由索尼公司设计并率先推行。包括 SONY、NEC 等在内的厂商针对 DVD-R/RW 与 DVD+R/RW 不兼容的问题，提出了 DVD Dual 这项新规格，也就是 DVD±R/RW 的设计。DVD Dual 并没有 DVD Multi 那样统一的规范，可以让厂商们自由发挥。DVD±RW 刻录机可以同时兼容 DVD-RW 和 DVD+RW 这两种规格。

（6）DVD 刻录机的性能指标

① DVD-ROM 读取速度，读取速度是指光存储产品在读取 DVD-ROM 光盘时，所能达到的最大光驱倍速。该速度是以 DVD-ROM 倍速来定义的，DVD 的单倍速是指 1358KB/s，而 CD 的单倍速是 150KB/s，大约为 CD 的 9 倍。DVD 刻录机所能达到的最大 DVD 读取速度也是 16 倍速。

② DVD 平均读取时间。DVD 平均读取时间是指光储产品的激光头移动定位到指定将要读取的数据区后，开始读取数据到将数据传输至缓存所需的时间，单位是毫秒。目前大部分的 DVD 光驱的 CD-ROM 平均读取时间大致在 75～95ms 之间，而 DVD-ROM 的平均读取时间则大致在 90～110ms 之间。

③ 可支持的盘片标准。可支持的盘片标准是指该 DVD 刻录机所能读取或刻录的盘片规格，DVD 刻录机能支持较多标准的盘片，不但能读出 CD 类和 DVD 类光盘，而且还能刻录相应的光盘。

④ 高速缓存存储器容量，光存储驱动器都带有内部缓冲器或高速缓存存储器。刻录机产品一般有 2MB、4MB、8MB，COMBO 产品一般有 2MB、4MB、8MB 的缓存容量。受制造成本的限制，缓存不可能制作到足够大，但适量的缓存容量还是选择光储需要考虑的关键之一。

9. 光盘

（1）CD 光盘

CD 的格式大致有以下几种。

① CD-DA（Digital Audio，音频 CD）。 数字音频光盘，其格式规定在"红皮书"中。

红皮书是最早发布的音频光盘标准，于 1981 年，由 Philips 和 SONY 两家公司联合制定，是关于音频数据的标准规范，并且成为其他 CD 标准建立的基础，被所有音乐 CD 所采用。

CD-DA 要求与 MPC LEVEL 1.0 兼容，也允许声音和其他类型的数据交叉，所以记录的声音可以伴有图像，即人们常说的 VCD。

CD-ROM 是在 CD 唱片技术的基础上产生的，因此，带有音频输出的 CD-ROM 驱动器可以播放 CD 唱片。

② CD-ROM（CD Read Only Memory）。 只读光盘，其格式规定在"黄皮书"中。

SONY 和 Philips 两家公司于 1985 年联合开发出 ISO 9660 标准，即平常所说的黄皮书规范。该规范为如何对数字数据进行编码制定了基础规则，同时也对早先红皮书规范所规定的音频编码进行了扩展。

CD-ROM 可以像正文文件一样，存入文字、音频、图形和图像等。MPC LEVER 1.0 要求多媒体个人计算机包括一台 CD-ROM 驱动器。平时所说的 CD-ROM 就是指这种光盘。

③ CD-I（Compact Disc Interactive）。交互式光盘，其格式规定在"绿皮书"中。

"绿皮书"于 1986 年由 Philips 和 SONY、Micro Ware 公司共同制定，是为了解决 CD 技术中所存在各种分歧所建立的标准，从而为 CD-ROM 的大规模生产铺平了道路。

CD-I 用于存放用 MPEG 压缩算法获得的立体声视频信号，大多数影视产品均以该标准制作发行。主要通过 CD-I 播放机，在普通电视机或立体声系统欣赏 CD-I 中的内容。这种光盘也能在解压缩卡或解压软件下播放。一般来说，CD-I 盘不能在 CD-ROM 驱动器上读出，有个别牌子的 CD-ROM 驱动器，在专用软件的驱动下也可读出 CD-I 盘上的多媒体信息，但不具备交互性能。

④ CD-ROM/XA（Extended Architecture）。只读光盘扩展结构，其格式规定在"黄皮书"中。

由 Philips、SONY、Microsoft 公司于 1989 年共同开发。CD-ROM/XA 可以在 CD-ROM 中交叉存储音频和其他类型的数据，并且允许同时存取，可以同时播放视频动画、图片和音频信息等，与 CD-I 兼容。

CD-ROM/XA 需要在 CD-ROM/XA 系统上才能播放，但通过软件驱动也能在 CD-ROM 驱动器上读出。

⑤ CD-R（Recordable）。可记录光盘，也称一次写多次读的 CD 盘，有的盘片是金色的又称"金盘"，也有绿色和蓝色的盘片。

内部结构类似于 CD-ROM，信息存放格式与 CD-ROM 盘相同，区别仅在于用户在专用的 CD-R 刻录机上可以向 CD-R 中写入数据。这种盘由 CD 刻录机刻制出母盘，提供给厂家大批量生产 CD 光盘。

⑥ CD-RW（ReWritable）。多次写多次读光盘。采用相变技术刻录数据时，激光束射到 CD-RW 盘片的介质上，产生结晶和非结晶两种状态；介质层可以在这两种状态中相互转换，达到多次重复写入的目的。

⑦ Photo-CD。Photo-CD 是柯达和 Philips 公司制定的存储彩色照片到光盘上的标准，一张 Photo-CD 盘最多可存储 99 张照片。

⑧ VCD（Video Compact Disc）。VCD 格式也称为"白皮书"，是由 Philips、JVC、Matsushita

和 SONY 公司于 1993 年联合提出的。VCD 用于保存采用 MPEG 标准压缩的声音、视频信号，可以存储 74 分钟的动态图像。在电影解压缩卡（即 MPEG 解压缩卡）或解压软件的支持下，CD-ROM 驱动器可以读取和重现视频信号。

从上面可以看出，CD 具有多种规格，但是市场上的 CD-ROM 驱动器和光盘，除了特别声明外，一般都遵循 ISO 9660 标准，即"黄皮书"规范。

（2）DVD 光盘

从 DVD 多功能光盘开始，制订了 DVD 的 Book A 至 Book E 五种规格，分别定义了 DVD 多功能光盘的五种不同规格，称为第二代光盘。

- Book A：定义为 DVD-ROM 标准，即微型机光盘，用途类似于 CD-ROM；
- Book B：定义为 DVD-Video 标准，即电影光盘，用途类似于 LD 或 Video CD；
- Book C：定义为 DVD-Audio 标准，即音乐光盘，用途类似于音乐 CD；
- Book D：定义为 DVD-R 标准，即可刻录的光盘，用途类似于 CD-R；
- Book E：定义为 DVD-RAM、DVD-RW、DVD+RW、DVD Dual 标准，即可读写的光盘，用途类似于 MO。

刻录用途的 DVD 光盘，目前常用的只能在盘片的单面记录层里记录 4.7GB 的数据，支持双层刻录的功能就是指支持单面双层 DVD 光盘刻录功能，也就是支持 DVD-9 规格刻录的 DVD 刻录机。当然，要想实现双层刻录，除了刻录机需要支持外，还要盘片和刻录软件的支持。

在专用 DVD 机播放的 DVD，由 2 张超薄盘片粘合而成（双面双层），因此其单面最大可以记录 8.5GB 的数据。粘合而成的 DVD 第 1 层是在半透明的反射膜上记录数据，因此可以通过透过第 1 层的光读取第 2 层上的数据。双面双层记录时，由于粘合了 2 张双层盘片，因此最大容量可达 17GB。

2.2.4　外置式存储器

外置式存储器（移动存储设备）指存储内容后存储介质容易移动、拆装方便。移动存储设备的最大优势就在于容易保存、防水、防静电、防霉。

1. 外置式存储器的类型

外置式存储设备可按存储容量、接口和结构来分类。

（1）按照存储容量分类，外置式存储设备按照存储容量，可以分为小容量存储设备、中等容量存储设备和大容量存储设备。小容量存储设备，一般容量小于 10GB。中等容量存储设备，其容量一般在 10～60GB 以内。大容量存储设备，容量超过 60GB。

（2）按照接口分类，外置式存储设备按照接口可分为并行接口、PCMCIA 接口、USB 接口和 IEEE 1394 接口。

并口是最早的移动硬盘的接口方式，与串口相比，其速度要快一些。

PCMCIA 接口的移动硬盘是专为笔记本电脑用户设计的。它比并口移动硬盘要好用得多，首先是传输速度更快，其次是解决了热拔插问题。

USB 接口的移动硬盘各方面的性能都比以前的移动硬盘要好得多，尤其是其对操作系统、机型的全面适应，为其迅速流行提供了很好的条件。

IEEE 1394 接口的移动硬盘传输速率达到 400Mb/s。目前除了体积略比 USB 接口的要大一点以外，几乎没有什么不同。

（3）按照结构分类，外置式存储设备按照结构可大致分为两类：介质/设备分离型和完全整合型的外置式存储设备。

① 闪存卡（Flash Card）是利用闪存（Flash Memory）技术达到存储电子信息的存储器，是完全整合型的外置式存储设备，一般应用在数码相机，掌上电脑，MP3 等小型数码产品中作为存储介质，所以样子小巧，犹如一张卡片，所以称之为闪存卡。根据不同的生产厂商和不同的应用，闪存卡大概有 SmartMedia（SM 卡）、Compact Flash（CF 卡）如图 2-41 所示、MultiMedia-Card（MMC 卡）、Secure Digital（SD 卡）、Memory Stick（记忆棒）、XD-Picture Card（XD 卡）如图 2-42 所示和微硬盘（MICRODRIVE）这些闪存卡虽然外观、规格不同，但是技术性能基本相同的。表 2-8 为常见闪存卡的规格。

图 2-41　CF 卡外观图　　　　　　　　　图 2-42　XD 卡外观图

表 2-8　常见闪存卡的规格

类型	SM 卡	CF 卡		MMC 卡	记忆棒	XD 卡	SD 卡
		Type 1	Type 1				
长（mm）	45	43	43	32	50	25	32
宽（mm）	37	36	36	24	21.5	20	24
高（mm）	0.75	3.3	5	1.4	0.28	1.7	2.1
工作电压	3.3 或 5V	3.3 或 5V	3.3 或 5V	2.7～3.6V	2.7～3.6V	2.7～3.6V	2.7～3.6V
接口	22 针	50 针	50 针	7 针	10 针	18 针	9 针

② 闪存外置存储设备（如图 2-43 所示）多采用非易失性的存储芯片为介质（绝大多数为 Flash ROM 芯片），同时集成控制器及接口。由于半导体芯片的先天优势，使这类移动存储器体积小（绝大多数产品的体积只相当于一根手指的大小，因此也有厂商称其为"拇指盘"）、可靠性最好（不怕碰撞/震动、温度适应范围大），在所有移动存储设备中具有最高的移动能力。但受 Flash ROM 存取周期长的影响，目前这类产品的性能都较差。即使排除 USB 1.1 接口 12Mb/s（实际传输速率在 800Kb/s～1Mb/s 之间）的带宽瓶颈，其芯片本身的性能也很难在短期内突破 4Mb/s。再加上受制造工艺的限制，大容量 Flash ROM 芯片的生产也存在一定的困难。因此，它们只适合做小容量（1GB 以内）的移动存储介质。

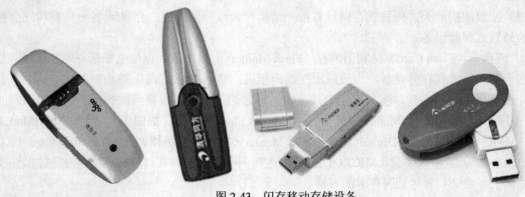

图 2-43　闪存移动存储设备

③ 移动存储设备（如图 2-44 和图 2-45 所示）首要的设计重点在于超大的存储容量。许多设备制造商都采用了硬盘来做存储介质。不过，出于提高抗震能力和缩小体积的考虑，它们几乎清一色地都是笔记本电脑的专用硬盘，其中又以 IBM 笔记本电脑专用硬盘居多。在接口类型上，这类掌上型移动存储设备也以 USB 1.1 接口和 USB 2.0 接口为主流，依然没能摆脱接口对存、取速度的限制。事实上，由于硬盘的性能大大优于 Flash ROM 芯片，容量上也可以轻易突破 GB 级。

图 2-44　外置式存储设备（相当于硬盘）

图 2-45　外置式软盘驱动器

2.3　基本输入/输出设备

2.3.1　键盘

要使微机进行工作，必须向微机输入各种数据或下达各种指令。最常见的指令和数据输入方式是键盘和鼠标。

1. 键盘的分类

键盘是最常用也是最主要的输入设备，通过键盘，可以将英文字母、汉字、数字、标点符号等输入到计算机中，从而向计算机发出命令、输入数据等。图 2-46 所示为标准的 104/105 键盘。

 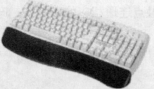 

图 2-46　标准 104/105 键盘

自 IBM PC 推出以来，键盘经历了 83 键、84 键和 101/102 键；Windows 95 面世后，在 101 键盘的基础上改进成了 104/105 键盘，增加了两个 Windows 按键。107 键盘又称为 Windows 98 键盘，比 104 键多了睡眠、唤醒、开机等电源管理按键，大部分的 107 键在右上方多出这三个键位。近几年内紧接着 107 键键盘出现的是新兴多媒体键盘，它在传统的键盘基础上又增加了不少常用快捷键或音量调节装置（如图 2-47 所示），使 PC

图 2-47　多媒体键盘

操作进一步简化，对于收发电子邮件、打开浏览器软件、启动多媒体播放器等都只需要按一个特殊按键即可。

根据键盘按键开关方式的不同，可以把键盘分为机械式键盘和薄膜式键盘两类。现在普遍使用的都是薄膜式键盘。

键盘通过主板上的 PS/2 键盘口或 USB 口与主机连接。现在为了摆脱键盘线的限制，红外键盘和无线键盘已经被不少计算机爱好者使用了。在不少品牌计算机中，设计者在键盘上配置了上网及控制音响功能的一些控制键，使上网和多媒体操作更加方便，如图 2-48 所示。

为了使人操作计算机更舒适，于是出现"人体工程学键盘"，如图 2-49 所示。人体工程学键盘是在标准键盘上将指法规定的左手键区和右手键区这两大板块左右分开，并形成一定角度，使操作者不必有意识地夹紧双臂，保持一种比较自然的形态。这种设计的键盘被微软公司命名为自然键盘（Natural Keyboard），对于习惯盲打的用户可以有效地减少左右手键区的误击率，如字母"G"和"H"。有的人体工程学键盘还有意加大常用键如空格键和回车键的面积，在键盘的下部增加护手托板，给以前悬空手腕以支持点，减少由于手腕长期悬空导致的疲劳。这些都可以视为人性化的设计。

图 2-48　无线多媒体键盘　　　　　　　　图 2-49　人体工程学键盘

2. 键盘工作的基本原理

键盘主要由电路板、键盘体和按键组成。

键盘工作的基本原理是把键盘上的按键动作转换成相应的编码传送给主机。它由一组排列成矩阵方式的按键开关组成，使用硬件或软件方式对矩阵的行、列按键开关进行扫描，判断是哪个键按下去了，这一工作由键盘电路板上的单片机完成。键盘的按键是一个触点式开关，当键按下时，该键开关接通；当键弹起时，该键开关断开。

薄膜式键盘，这种键盘内部是双层胶片，胶片中间夹有相互导通的印制线。胶片与按键对应的位置有一触点，按下按键时，触点连通相应的印制线，产生该键的编码。

2.3.2　鼠标

1. 鼠标的分类

目前市场上流行的鼠标按照结构不同主要有三种，机械鼠标（半光电鼠标）、轨迹球鼠标和光电鼠标。每种鼠标的特点、用途和选购上都稍有不同。按照接口的不同常用的鼠标主要是PS/2接口和USB接口的鼠标。

2. 鼠标的工作原理

（1）机械滚轮鼠标（半光电鼠标）。它是一种光电和机械相结合的鼠标（如图2-50所示）。它的原理是紧贴着滚动橡胶球有两个互相垂直的传动轴，轴上有一个光栅轮，光栅轮的两边对应着有发光二极管和光敏三极管。当鼠标移动时，橡胶球带动两个传动轴旋转，而这时光栅轮也在旋转，光敏三极管在接收发光二极管发出的光时被光栅轮间断地阻挡，从而产生脉冲信号，通过鼠标内部的芯片处理之后被CPU接收，信号的数量和频率对应着屏幕上的距离和速度。

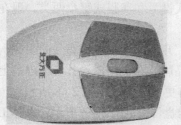

图 2-50　机械鼠标和内部结构

（2）轨迹球鼠标。轨迹球鼠标（如图2-51所示）工作原理和内部结构其实与普通鼠标类似，只是改变了滚轮的运动方式，其球座固定不动，直接用手拨动轨迹球来控制鼠标箭头的移动。轨迹球外观新颖，可随意放置，用惯后手感也不错。而且即使在光电鼠标的冲击下，仍有许多设计人员更垂青与轨迹球鼠标的精准定位。

（3）光电式鼠标。光电鼠标产品（如图2-51所示）按照其年代和使用的技术可以分为两代产品，其共同的特点是没有机械鼠标必须使用的鼠标滚球。第一代光电鼠标由光断续器来判断信号，最显著特点就是需要使用一块特殊的反光板作为鼠标移动时的垫。

图 2-51　光电式鼠标和轨迹球鼠标

目前市场上的光电鼠标产品都是第二代光电鼠标。第二代光电鼠标的原理其实很简单：其使用的是光眼技术，这是一种数字光电技术，较之以往机械鼠标完全是一种全新的技术突破。

在鼠标底部有一个小的扫描器对摆放鼠标的桌面进行扫描，然后对比扫描前后结果确定鼠标移动的位置。光电式鼠标的定位精度要比机械式鼠标高出很多，由于不需要控制球，重量也要比机械鼠标轻，使用者的手不易疲劳。

2.3.3　显示卡

随着计算机技术的日新月异以及对计算机的速度和性能更快、更高的要求，使显示卡的新技术层出不穷。每一款显示卡都会给用户带来一个更加绚丽夺目的世界。AGP 显示卡如图 2-52所示，再加上各种图形加速芯片，使显示卡功能越来越强大。目前市场上显示卡种类繁多，让人眼花缭乱。

图 2-52　AGP 显示卡外形图

1. 显示卡的结构

（1）显示芯片。显示芯片负责图形数据的处理，是显示卡的核心部件，决定了该显示卡的档次和大部分性能。3D 显示卡则将三维图形和特效处理功能集中在显示芯片内，在进行 3D 图形处理时能承担许多原来由 CPU 处理的 3D 图形处理任务，减轻了 CPU 的负担，加快了 3D 图形的处理速度，也就是所谓的"硬件加速"功能。显示芯片通常是显示卡上最大的芯片（引脚最多的），中高档芯片一般都有散热片或散热风扇。显示芯片上有商标、生产日期、编号和厂商名称，例如"XGI"、"nVIDIA"、"ATI"等。每个厂商都有不同档次的芯片，不能只看商标决定芯片档次，要结合型号来共同辨别。

（2）RAMDAC。RAMDAC（RAM Digital Analog Converter，随机存取存储器数模转换器）的作用是将显存中的数字信号转换为能用于显示的模拟信号。RAM DAC 是影响显示卡性能的重要器件，尤其它能达到的转换速度影响着显示卡的刷新率和最大分辨率，RAM DAC 的转换速度越快，影像在显示器上的刷新频率也就越高，从而图像显示越快，图像也越稳定。现在显示卡的 RAM DAC 至少是 300MHz，高档显示卡的多在 400MHz 以上。为了降低成本，大部分娱乐性显示卡将 RAM DAC 做到在显示芯片内。

（3）显示内存。与主板上内存功能一样，显存（Video RAM）也是用于存放数据的，只不过它存放的是显示芯片处理后的数据。3D 显示卡的显存主要分为两部分：帧缓存和纹理缓存。帧缓存与显示芯片中的帧处理单元相连，负责存储像素的明暗、Alpha 混合比例、Z 轴深度等参数；纹理缓存与芯片中的纹理映射单元相连，负责存储各种像素的纹理映射数据。

由于 3D 的应用越来越广泛，以及高分辨率、高色深图形处理的需要，对显存速度的要求也越来越快，现在经常见到的 SGRAM、DDR 和 DDR3 显存类型，显存的容量有 128MB 或 256MB，显存频率达 500MHz 以上，有的达到 1000MHz 以上。速度越来越快，性能越来越高。

（4）显示卡 BIOS。显卡 BIOS 又称 VGA BIOS，主要用于存放显示芯片与驱动程序之间的控制程序，另外还存放有显示卡型号、规格、生产厂家、出厂时间等信息。打开计算机时，通过显示 BIOS 内一段控制程序，将这些信息反馈到屏幕上。现在，多数显示卡则采用大容量的 EEPROM，即 Flash BIOS，可以通过专用的程序进行改写升级。

（5）输入、输出端口。显示卡除了与显示器连接的端口外，现在大多数显卡都有某些特殊的端口。

① 数字输入接口 DVI。DVI 接口（如图 2-53 所示）分为两种，一个是 DVI-D 接口，只能接收数字信号，接口上只有 3 排 8 列共 24 个针脚，其中右上角的一个针脚为空。不兼容模拟信号。另外一种则是 DVI-I 接口，可同时兼容模拟和数字信号。DVI 接口中，计算机直接以数字信号的方式将显示信息传送到显示设备中，因此从理论上讲，采用 DVI 接口的显示设备的图像质量要更好。另外，DVI 接口实现了真正的即插即用和热插拔，免除在连接过程中需关闭计算机和显示设备的麻烦。现在很多液晶显示器都采用该接口，CRT 显示器使用 DVI 接口的比例比较少。

图 2-53　显示卡的接口

② VGA 接口主要用于连接 CRT 显示器。VGA 只能接收模拟信号输入，最基本的包含 R\G\B\H\V（分别为红、绿、蓝、行、场）5 个分量，接口为 D-15，即 D 形三排 15 针插口，其中有一些是无用的，连接使用的信号线上也是空缺的。

2. 显示卡的性能指标

（1）显卡芯片的性能。显卡芯片的主要任务就是处理系统输入的视频信息并将其进行构建、渲染等工作。显卡主芯片的性能直接决定了显示卡性能的高低。不同的显示芯片，不论从内部结构还是其性能，都存在着差异，而其价格差别也很大。目前，设计、制造显示芯片的厂家只有 nVIDIA、ATI、XGI 等公司。

（2）分辨率与色深。分辨率指画面的细腻程度，一般以画面的最大水平点数乘上垂直点数。色深是指某个确定的分辨率下，描述每一个像素点的色彩所使用的数据长度，单位是位，一般 32 位。它决定了每个像素点的色彩数量。

（3）显示卡的总线类型。显示卡的总线主要有 AGP 和 PCI Express。AGP（Accelerate Graphical Port）称加速图形接口。AGP 接口的发展经历了 AGP1.0（AGP1X、AGP2X）、AGP2.0（AGP Pro、AGP4X）、AGP3.0（AGP 8X）等阶段，AGP 标准使用 32 位总线，工作频率 66MHz。目前最高规格的 AGP 8X 模式下，数据传输速度达到了 2.1GB/s。

PCI Express 也是显卡的总线接口。PCI Express 的接口根据总线位宽不同而有所差异，包括 X1、X4、X8 以及 X16（X2 模式将用于内部接口而非插槽模式）。用于取代 AGP 接口的 PCI Express 接口位宽为 X16，将能够提供 5GB/s 的带宽，即便有编码上的损耗但仍能够提供 4GB/s 左右的实际带宽，远远超过 AGP 8X 的 2.1GB/s 的带宽。

（4）显存容量、频率和数据位宽。采用 256MB 显存的显卡越来越多。显存的工作频率以

MHz 为单位；显存的数据位宽以 bit 为单位。这里显存的速度决定了其工作频率和数据位宽，显存频率与使用的显存类型有关，目前主要使用的显存类型为 DDR2 和 DDR3，一般显存频率为 500MHz、700MHz 和 1000MHz 以上。显存频率越高，性能越好。

显存的数据位宽其重要性甚至要超过显存的工作频率。因为位宽决定了显存带宽，显示芯片与显存之间的数据交换速度就是显存的带宽。目前显存位数主要分为 64 位、128 位和 256 位，在相同的工作频率下，128 位显存的带宽只有 256 位显存的一半。显存带宽的计算方法是：带宽=工作频率×数据位宽/8。显存数据位宽越大，性能越好。

显示卡质量除了与以上性能有关外，还有与 RAMDAC 的速度、芯片的核心频率、显示卡的接口类型等有关。

2.3.4 显示器

显示器（如图 2-54 所示）又称监视器（Monitor），是微机系统中不可缺少的输出设备。显示器主要用来将电信号转换成可视的信息。通过显示器的屏幕，可以看到计算机内部存储的各种文字、图形、图像等信息。它是进行人机对话的窗口。

图 2-54 显示器外观

目前市场上主要有 CRT 显示器和 LCD 显示器。LCD 显示器是一种采用了液晶控制透光度技术来实现色彩的显示器，和 CRT 显示器相比，LCD 的优点是很明显的。由于通过控制是否透光来控制亮和暗，当色彩不变时，液晶也保持不变，这样就无须考虑刷新率的问题。对于画面稳定、无闪烁感的液晶显示器，刷新率不高但图像也很稳定。LCD 显示器还通过液晶控制透光度的技术原理让底板整体发光，所以它做到了真正的完全平面。一些高档的数字 LCD 显示器采用了数字方式传输数据、显示图像，这样就不会产生由于显卡造成的色彩偏差或损失。LCD 完全没有辐射，即使长时间观看 LCD 显示器屏幕也不会对眼睛造成很大伤害。体积小、能耗低也是 CRT 显示器无法比拟的。

1. 显示器的分类

（1）按显示器屏幕尺寸分：普通型显示器、大屏幕显示器。

普通型显示器：有 14 英寸（35cm）、15 英寸（38cm）和 17 英寸（43cm）三种。

大屏幕显示器：有 19 英寸（48cm）、20 英寸（51cm）和 21 英寸（53cm）三种。

（2）按色彩分：单色显示器和彩色显示器。

（3）按点距分：0.28mm、0.26mm、0.25mm、0.24mm、0.22mm、0.20mm 等。

（4）按最高分辨率分：1024×768、1280×1024、1600×1200、1920×1440 等。

（5）按原理或主要显示器件分：为阴极射线管显示器（CRT）、液晶显示器（LCD）等。

2．CRT彩色显示器

（1）CRT显示器的结构

彩色显示器是在单色显示器的基础上发展起来的，显示器基本功能电路介绍如下。

① 电源电路。该电路为机内其他电路提供工作电压。彩色显示器选用了开关型的稳压电路（简称开关电路），开关电源电路中的开关晶体管多选用双极型晶体管，VGA和SVGA彩色显示器开关晶体管选用场效应型功率晶体管。这是利用了在50kHz的开关速度下，场效应型功率晶体管的开关损耗可以忽略不计的优点。

② 行扫描电路。该电路给行偏转线圈提供一个与显示卡送来的行同步信号频率相同的锯齿波扫描电流，而形成水平偏转磁场使显像管阴极（电子枪）发出的电子束流自左向右地进行扫描。彩色显示器为适应不同种类的显示方式，行扫描频率也相应有多种频率，且要求能自动适应或自动转换。

③ 场扫描电路。该电路给场偏转线圈提供一个与显示卡送来的场同步信号频率相同的锯齿波扫描电流而形成垂直偏转磁场，使电子束流从上向下进行扫描。这样在行、场偏转磁场的共同作用下，显像管荧光屏上便形成了可见光栅。

④ 接口电路。将计算机内显示卡送来的各种信号，经此电路分送至行、场扫描电路和显示信号处理电路。VGA彩色显示器接口电路便能自动识别显示卡送来的信号属于何种模式，而后输出控制信号至相关的控制和调节电路，以保证在任何模式下都能使所显示的图像稳定。

⑤ 显示信号处理电路。该电路将显示卡送来的信息变换成不同的亮点信号或暗点信号送至色输出电路。彩色显示器、主机内显示卡将所要显示的内容全部变成RGB模式信号输出，显示信号处理电路只需将RGB信号放大，并加以对比度和亮度控制后，输出至色输出电路和彩色显像管电路，在荧光屏上就可以再现出字符或图像。

⑥ 显像管与色输出电路。由色输出电路将显示信号处理电路处理过的电信号进行放大，送至显像管阴极，并在行、场偏转磁场作用下于荧光屏上生成可见的字符或图像。

（2）CRT显示器的工作原理

目前应用较广的彩色显示器（CRT）基于三基色原理。三基色指的是三种互相独立的颜色，如红、绿、蓝三种单色，这三种单色按不同比例可以配出不同的颜色。这种彩色生成原理称为三基色原理。

根据三基色原理，在CRT屏幕上涂有红、绿、蓝三色荧光粉基础上，配以不同的亮度可以得到不同颜色。

采用三基色原理做成的彩色CRT，应用较广的有三枪三束荫罩式、单枪三束管式和自动会聚管三种。

三枪三束荫罩式彩色显像管的工作原理（如图2-55所示）。在这种CRT中，有三支近似平行、按品字形排列且互相独立的电子枪，它们分别发射用以产生红、绿、蓝三种单色的电子束。每支电子枪都有灯丝、阴极、控制栅极、加速电极、聚焦电极及第二阳极等。在管内玻璃屏上涂有成千上万个能发红、绿、蓝光的荧光粉小点，小点的直径为0.05～0.1mm。它们按红（R）、绿（G）、蓝（B）顺序重复地在一行上排列，下一行与上一行小点位置互相错开。屏幕上每相邻的三个R、G、B荧光小点与品字形排列的电子枪相对应。

为了使三支电子束能准确地击中对应的荧光小点，在距离荧光屏10mm处设置一块薄钢板制成的网板，像个罩子似的把荧光屏罩起来，故称荫罩板。板上有成千上万个小孔，小孔对准一组三色荧光小点。品字形中的一个电子枪发射的电子束，通过板上小孔撞击各自所对应的荧光粉而发出红光、绿光和蓝光。

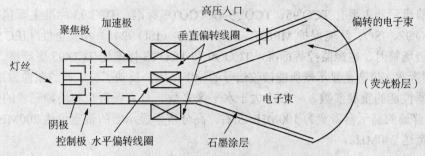

图 2-55　荫罩式彩色显像管的工作原理

分别控制三个电子枪的控制栅极，即控制三支电子枪发射电子束的强弱，在荧光屏上出现不同亮度的 R、G、B 荧光小点，形成各种色彩的图像。

（3）CRT 显示器的主要性能指标

① 扫描频率。扫描分垂直扫描和水平扫描。

垂直扫描频率（Vertical scanning frequency），也称场频，或称刷新频率，或称帧速率，是指显示器在某一显示方式下，每秒钟从上到下所能完成的刷新次数，单位为 Hz。场频的范围大小反映了显示器对于各种显示分辨率的适应能力以及屏幕图像有无抖动和潜在的抖动。其垂直扫描频率越高，图像越稳定，闪烁感就越小。

一般垂直扫描在 72Hz 以上的刷新频率下，其闪烁明显减少。较好的显示器应在 100Hz 或 100Hz 以上。

水平扫描频率（Horizontal scanning frequency），也称行频，单位用 kHz 表示，是指电子束每秒在屏幕上水平扫过的次数。一般的显示器在 30～82kHz，比较高档的显示器的行频可高达 100kHz 或 100kHz 以上。行频的高低反应了屏幕图像的稳定程度。

② 最大分辨率。显示器的分辨率表示的是在屏幕上从左到右扫描一行共有多少个点和从上到下共有多少行扫描线，即每帧屏幕上每行、每列的像素数。如 1600×1200 表示每帧图像由水平 1600 个像素（点）、垂直 1200 条扫描线组成。其最大值称为最大分辨率。屏幕尺寸相同，每帧屏幕上每行、每列的像素数越高，显示器的分辨率也就越高，显示效果也越好，价格自然也越高。

③ 点间距和栅距。荫罩板上两个相邻且透过同一种光的小孔之间的距离叫做点间距。点间距简单地理解为同色像点之间的最近距离。荫罩板上的小孔越多，图像上的彩色点越逼真，显示器的分辨率也越高。目前，多数显示器的点间距为 0.26mm，高档的显示器的点间距为 0.25mm 或 0.20mm，甚至更小。点间距越小，制造就越复杂、越困难，成本就越高。

SONY 推出的特丽珑显像管采用了栅状荫罩，因此引入了栅距的概念。栅距是指荫栅式像管平行的光栅之间的距离（单位：mm）。它的代表就是"特丽珑"和"钻石珑"等高档次显示器，采用荫栅式显像管的好处在于其栅距在长时间里使用也不会变形，显示器使用多年也不会出现画质的下降，而荫罩式正好相反，其网点会产生变形，所以长时间使用就会造成亮度降低、颜色转变的问题。另一方面，由于荫栅式可以透过更多的光线，从而可以达到更高的亮度和对比度，令图像色彩更加鲜艳逼真自然。

④ 认证标准。显示器的认证主要有两个，一个是 MPR-Ⅱ，另一个是 TCO。MPR-Ⅱ由瑞典国家测量局所制定的标准，主要是对电子设备的电磁辐射程度等指标实行标准限制，包括电场、磁场和静电场强度等参数。瑞典 TCO 组织于 1991 年制定了 TCO'92 标准，主要规范显示器的电子和静电辐射对环境的污染。面向计算机监视器及外设的 TCO 认证一共走过了四代不同的标准（如图 2-56 所示），从 TCO'92、TCO'95、TCO'99 到 TCO'03，随着时间的推移以及人们健康、环保意识的加强，加之科技进步所能带来的产品质量改观，TCO 认证标准也一代比一代更

为严格。目前显示器主要有 TCO'95、TCO'99 和 TCO'03 标准。TCO'95 标准主要包括以下标准的功能：TCO'92、ISO、环境保护 MPRII、人体工程学（ISO 9241）和安全性（IEC 950）、低电磁辐射和低磁场辐射、电源监控等标准。TCO'99 和 TCO'03 标准比 TCO'95 更严格。

⑤ 视频带宽。带宽是显示器所能接收信号的频率范围，反映了显示器的图像数据吞吐能力，是评价显示器性能的重要参数。一般应大于水平像素数、垂直像素数和场频三者的乘积。其单位为 MHz。普通的显示器带宽为 100MHz 左右，高分辨率显示器的带宽可达 200MHz 以上。目前，有的带宽达 240MHz。

图 2-56　TCO'92、TCO'95、TCO'99 到 TCO'03 认证标准

⑥ 显像管。显像管主要包括 LG "未来窗"、三星 "丹娜管"、索尼 "特丽珑"、三菱 "钻石珑"、台湾 "中华管" 和日立 "锐利珑" 等。各个厂商的纯平显像管在技术上均有其独到之处，在性能上也是各有特色。

3. LCD 显示器

（1）LCD 显示器的结构

从液晶显示器的结构来看，无论笔记本电脑还是桌面系统，采用的 LCD 显示屏都是由不同部分组成的分层结构。LCD 由两块玻璃板构成，厚约 1mm，其间由包含有液晶材料的 5μm 均匀间隔隔开。因为液晶材料本身并不发光，所以在显示屏两边都设有作为光源的灯管，而在液晶显示屏背面有一块背光板（或称匀光板）和反光膜，背光板是由荧光物质组成的可以发射光线，其作用主要是提供均匀的背景光源。

由于 LCD 自身结构的特点，可制成非常薄的显示屏。其体积小、重量轻，主要用于便携式计算机上。与 CRT 一样，也有彩色、单色之分，也有不同的分辨率等。

（2）LCD 显示器的工作原理

背光板发出的光线在穿过第一层偏振过滤层之后进入包含成千上万液晶液滴的液晶层。液晶层中的液滴都被包含在细小的单元格结构中，一个或多个单元格构成屏幕上的一个像素。在玻璃板与液晶材料之间是透明的电极，电极分为行和列；在行与列的交叉点上，通过改变电压而改变液晶的旋光状态，液晶材料的作用类似于一个个小的光阀。在液晶材料周边是控制电路部分和驱动电路部分。当 LCD 中的电极产生电场时，液晶分子就会产生扭曲，从而将穿越其中的光线进行有规则的折射，然后经过第二层过滤层的过滤在屏幕上显示出来。

（3）LCD 显示器的主要性能指标

① LCD 的接口类型。采用数字接口（DVI 接口）可以有效地减少信号的损耗和干扰，是最适合液晶显示器的。目前大多数液晶显示器仍然使用模拟信号接口，但随着 DVI 接口的显卡和视频输出设备越来越多，液晶显示器采用数字接口也将成为必然。在选购时，如果条件允许，最好选择带 DVI 接口的显卡和 LCD。

② LCD 的尺寸标示。液晶显示器的尺寸标示与 CRT 显示器不同，液晶显示器的尺寸是以实际可视范围的对角线长度来标示的。尺寸标示使用厘米（cm）为单位，或按照惯例使用英寸

作为单位。

③ 亮度。采用 ANSI IT7.215 标准推荐的 9 点取平均值的测量法进行亮度测量，LCD 的最大亮度不应低于 250cd/m^2。

④ 对比度。对比度采用 ANSI IT7.215 标准中建议的 16 点测试法进行，对比度的值不应低于 450∶1。

⑤ 可视角度。液晶显示器的可视角度包括水平可视角度和垂直可视角度两个指标，水平可视角度表示以显示器的垂直法线（即显示器正中间的垂直假想线）为准，在垂直于法线左方或右方一定角度的位置上仍然能够正常地看见显示图像，这个角度范围就是液晶显示器的水平可视角度；同样，如果以水平法线为准，上下的可视角度就称为垂直可视角度。一般而言，可视角度是以对比度变化为参照标准的。一般主流 LCD 的可视角度为 120°～180°。

⑥ 响应时间。液晶显示器的响应时间是指液晶体从暗到亮（上升时间）再从亮到暗（下降时间）的整个变化周期的时间总和。响应时间使用毫秒（ms）单位。LCD 显示器的响应时间应该在 16ms 以下。

⑦ 色彩数量。液晶显示器的色彩数量比 CRT 显示器少，目前多数的液晶显示器的色彩支持 16.2 百万以上像素。

液晶显示器的点距、分辨率，根据其原理决定了其最佳分辨率就是其固定分辨率，同级别的液晶显示器的点距也是一定的。液晶显示器在全屏幕任何一处点距是完全相同的。LCD 是对整幅的画面进行刷新的，而 LCD 即使在较低的刷新率（如 60Hz）下，也不会出现闪烁的现象。

2.3.5　声卡与音箱

1. 声卡

声卡（如图 2-57 所示）主要用于娱乐、学习、编辑声音等。有了声卡，微机能够说话，利用微机听 CD、看 VCD 或是玩游戏都少不了声卡，因为它能发出典雅、美妙、动听的音乐和逼真的模拟声音。

扬声器输出端口
线性输入端口
话筒输入端口
线性输出端口
第二个线性输出端口

图 2-57　声卡的接口

目前声卡主要是集成在主板上，有的是一块能够实现音频和数字信号相互转换的硬件电路板。声卡可以把来自光盘、磁带、话筒的载有原始声音信息信号加以转换，输出到耳机、音响、扩音机及录音机等音响设备上，或者通过音乐设备数字接口（MIDI）乐器发出美妙的声音。

不管集成在主板上的声卡或独立式声卡，常见的输入/输出端口通常是"Speaker Out"，"Line Out"，"Line In"，"Mic In"等，其外形与名称如图 2-57 所示（不同声卡上下顺序不尽相同）。如果是 3 个插孔，则是 Speaker Out 与 Line Out 共用一个，一般可通过声卡上的跳线来定义该插孔的具体功能。

● 线性输入端口，标记为"Line In"。Line In 端口将品质较好的声音、音乐信号输入，通过计算机的控制将该信号录制成一个文件。通常该端口用于外接辅助音源，如影碟机、收音机、录像机及 VCD 回放卡的音频输出。

● 线性输出端口，标记为"Line Out"。它用于外接音响功放或带功放的音箱。

● 第二个线性输出端口，一般用于连接四声道以上的后端音箱。

● 话筒输入端口，标记为"Mic In"。它用于连接麦克风（话筒），可以将自己的歌声录下来实现基本的"卡拉 OK 功能"。

● 扬声器输出端口，标记为"Speaker 或 SPK"。它用于插外接音箱的音频线插头。

● MIDI 及游戏摇杆接口，标记为"MIDI"。几乎所有的声卡上均带有一个游戏摇杆接口来配合模拟飞行、模拟驾驶等游戏软件，这个接口与 MIDI 乐器接口共用一个 15 针的 D 型连接器（高档声卡的 MIDI 接口可能还有其他形式）。该接口可以配接游戏摇杆、模拟方向盘，也可以连接电子乐器上的 MIDI 接口，实现 MIDI 音乐信号的直接传输。

CD 音频连接器，它位于声卡的中上部，集成式主板上，通常是 3 针或 4 针的小插座，与 CD-ROM 的相应端口连接实现 CD 音频信号的直接播放。不同 CD-ROM 上的音频连接器也不一样，因此大多数声卡都有 2 个以上的这种连接器。

2. 音箱

多媒体计算机自然少不了音箱（如图 2-58 所示），否则只有声卡、无音箱，声音无从发出。多媒体计算机应配一对有源音箱或一台功放加上一对无源音箱，目前微机所配的音箱大多是有源音箱。

音箱是将音频信号还原成声音信号的一种装置，音箱包括箱体、喇叭单元、分频器、吸音材料四个部分。并有调节的按键（如图 2-59 所示）。

图 2-58　音箱的外观

图 2-59　音箱的调节按键

音箱的结构有简单的，也有复杂的，下面介绍有一定代表性的 3D 音箱的结构。

（1）音箱的分类

音箱分类如下：

① 按箱体材质分，有塑料箱和木质箱。

② 按声道数量分，有 2.1 式（双声道另加一超重低音声道）、4.1 式（四声道加一超重低音声道）、5.1 式（五声道加一超重低音声道）、7.1 式（七声道加一超重低音声道）等音箱。

③ 按喇叭单元的结构分，有普通喇叭单元、平面喇叭单元、铝带喇叭单元等。

④ 按电脑输出口来分，有普通接口（声卡输出）音箱和 USB 接口音箱。

⑤ 按功率放大器的内外置分，有有源音箱（放大器内置，最常见）和无源音箱（放大器外置，非常高档的或特别要求的才采用）。

（2）音箱的主要性能指标

音箱的主要性能指标如下：

① 防磁。微机所配的有源音箱与普通有源音箱有些不同，微机所配置的应是磁屏蔽音箱，通常叫做防磁音箱。这种音箱可以屏蔽喇叭自身向外辐射的磁场，使周围的电器不受干扰和磁化。这对显示器来说非常重要，即使音箱靠近显示器，也不会使显像管磁化导致屏幕颜色不正。

② 频响范围。频响范围是指音箱在音频信号播放时，在额定功率状态下，在指定的幅度变化范围内，音箱所能重放音频信号的频响宽度。音箱的频响范围当然是越宽越好，一般为 20Hz～20kHz。

③ 灵敏度。灵敏度是指在给音箱输入端输入 1W/1kHz 信号时，在距音箱喇叭平面垂直中轴前方一米的地方所测试得的声压级。灵敏度的单位为分贝（dB）。音箱的灵敏度越高则需要放大器的功率越小，普通音箱的灵敏度在 85～90dB 范围内。

④ 失真度。失真度是指由放大器传来的电信号经过音箱转换为声音信号后，输入的电信号和输出的声音信号之比的差别，一般单位为百分比。当然失真度越小越好，多媒体音箱声音的失真允许范围是 10%以内。

⑤ 输出功率。输出功率是音箱能发出的最大声强，对于多媒体计算机在 30～80W 之间较为合适。若房间较大，且经常用其欣赏音乐，可适当选功率大一点的音箱。输出功率分标准功率和最大（峰值）功率。标准功率是指音箱谐波失真在标准范围内变化时，音箱长时间工作输出功率的最大值；最大功率是在不损坏音箱的前提下，瞬间功率的最大值。

⑥ 信噪比。信噪比是指音箱回放的正常声音信号强度与噪声信号强度的比值。信噪比低，小信号输入时噪声严重，在整个音域的声音明显变得混浊不清，听不出发的什么音，很影响音质。一般不低于 70dB。

本章主要学习内容

● 微型计算机的主板、CPU、内存条、机箱和电源盒的结构，性能和作用

● 微型计算机的软盘驱动器、硬盘驱动器、光盘驱动器和外置式存储设备的类型、结构和性能指标

● 基本输入设备键盘和鼠标的结构和基本工作原理

● 基本输出设备显示卡和显示器的结构和性能

 练习二

1. 填空题

（1）（　　　　　）芯片叫做基本输入/输出系统（Basic Input Output System），其本身就是一段程序，负责实现主板的一些基本功能和提供系统信息。

（2）硬盘的内部结构是（　　　　　）结构，（　　　　　　　　　）结构，高精度、轻型的磁头驱动、定位系统。

（3）硬盘几个盘片的相同位置的磁道上下一起形成一道道（　　　　），是盘片上具有相同编号的（　　　　）。

（4）光驱的速度与数据传输技术和数据传输模式有关。目前传输技术有 CLV、CAV、（　　　　）。传输模式主要是（　　　）模式。

（5）光盘中的光强度由高到低或由低到高的变化被表示为（　　　　），"凸"面或"凹"面持续一段时间的连续光强度为（　　　）。

（6）Combo（康宝）驱动器是集 CD-ROM、DVD-ROM 驱动器和（　　　　）驱动器于一身的光盘驱动器。

（7）显示器采用三基色原理做成的彩色 CRT，应用较广的有（　　　　）荫罩式、单枪三束管式和自动会聚管三种。

2. 选择题

（1）微机主板上的一块（可读写的 RAM）芯片，用来保存当前系统的硬件配置和用户对某些参数的设定，可由主板的电池供电，该芯片称为（　　　）。

　　A. BIOS　　　　　　　B. ROM　　　　　　　C. CMOS　　　　　　D. FLASH　ROM

（2）主板的（　　　）芯片主要负责管理 CPU、内存、AGP 这些高速的部分。

　　A. 南桥　　　　　　　B. 北桥　　　　　　　C. BIOS　　　　　　　D. I/O

（3）Intel 推出 AGP3.0 规范（AGP 8X），它的数据传输带宽达到了（　　　）。

　　A. 2100MB/s　　　　　B. 2132Mb/s　　　　　C. 2700MB/s　　　　　D. 2132MB/s

（4）PCI Express 有 x1、x2 以及（　　　）这三种规格则是为普通计算机设计的。

　　A. x3　　　　　　　　B. x8　　　　　　　　C. x16　　　　　　　　D. x12

（5）Serial ATA 2.0 的数据传输率将达到（　　　　），最终 SATA 将实现 600MB/s 的最高数据传输率。

　　A. 150MB/s　　　　　B. 200MB/s　　　　　C. 300Mb/s　　　　　D. 300MB/s

（6）给音箱输入端输入 1W/1kHz 信号时，在距音箱喇叭平面垂直中轴前方一米的地方所测试得的声压级，称为（　　　　）。

　　A. 灵敏度　　　　　　B. 失真度　　　　　　C. 精度　　　　　　　D. 效率

3. 简答题

（1）Socket 型插座的主要类型有哪些？

（2）CPU 的内部主要由哪几个部分组成？

（3）什么叫超线程技术？

（4）SSE3 指令集的含义是什么？

（5）微机电源盒所提供的主要电压有哪些？

（6）DVD-ROM 的存储容量主要有哪些？

（7）显示器行扫描电路和场扫描电路的作用是什么？

（8）说明点间距和栅距的不同点。

实践一：主机部件的认识

1. 实践目的

了解主板、CPU、内存条、机箱和电源各部件的结构、作用和特点。

2. 实践内容

（1）掌握主板各个部分的布局，主板各种插槽、插座和接口名称、作用。

（2）认识各种 CPU、内存条的外观特点、接口名称。

（3）了解机箱外形和内部结构以及电源盒输出电压情况。

实践二：基本存储设备、基本输入和输出设备的认识

1. 实践目的

了解磁盘驱动器、光盘驱动器、键盘、鼠标、显卡和显示器结构、性能和特点。

2. 实践内容

（1）掌握软盘驱动器和硬盘驱动器的结构、接口和作用。

（2）了解 CD-ROM、CD-RW、DVD-ROM 和 DVD 刻录机的类型、结构、接口和使用。

（3）认识各种键盘和鼠标的结构、接口和使用。

（4）掌握显示卡和显示器的类型、接口和使用。

第3章 微型计算机的基本系统组装

随着计算机的普及，如何购买到称心如意的微型机，如何亲手由散件一步一步地组装并调试自己的微型机，逐渐成为广大计算机爱好者关注的焦点。这里将介绍如何选购微型机的常用部件以及如何组装一台自己的微型机。

3.1 基本系统硬件的组装

组装微机首先考虑如何选购部件。微机的各部件选购好后，接下来要做的就是将各部件组装成一台完整的微机。

3.1.1 组装前的准备工作

通常，在进行计算机的组装操作之前，必须准备好所配置的各种部件以及所需要的工具，组装计算机系统根据微型机的部件类型和性能价格比的原则，按照市面信息情况，以及配置微型机的用途，综合考虑选定配置方案，根据配置的方案进行采购部件。

1. 选购部件

下面介绍选购部件时需要考虑的问题。

（1）CPU 的选购。微处理器的等级是计算机性能的重要指标。微处理器的频率对整部计算机的性能有一定程度的影响，但是如果单靠提升微处理器频率，而不考虑其他相关零、部件的情况，想要整机系统有明显的性能提升，那也是相当有限的。

选购 CPU 时，主要考虑 CPU 的频率（内频、外频）、厂商、核心数量、数据宽度、Cache 的容量和速率、支持扩展指令集等，同时还考虑 CPU 与其他部件的搭配、微处理器所采用的架构。由于不同的架构平台是不能彼此互换的，这关系未来计算机需要升级时兼容性的问题。根据当前市场情况，若需要高档的 CPU，就要选择 Pentium D 3.0GHz 以上的频率或 Athlon 64 X2 4000 以上的 CPU。若需要低档的 CPU，就要选择 Celeron D 3.0GHz 以上的频率或 Athlon 64 3800 以上的 CPU。

（2）主板的选购。选购主板与选购的 CPU 的插座、内存条的线数、显示卡总线接口类型、硬盘数据线的接口等有关，所以还要考虑其他部件情况。目前，Pentium 主板的品牌很多，每一种品牌又有许多不同的型号，这样使用户在选择主板时觉得无从选择。选择一个好的主板不仅可以提高整个微机系统的性能，而且还可以有利于系统维护和升级。

选择主板主要考虑以下因素。

① 品质。品质是指主板的质量及稳定可靠性指标。品质不仅和主板的设计结构、生产工艺有关，也和生产厂家选用的零、部件有很大关系。用户在购买时，可以从产品外观、生产厂家背景以及返修率等方面考虑。一般，知名大公司在设计及生产工艺和原材料选用等方面比较严

格，品质都很好，但价格一般也略微贵一些。

② 兼容性。主板由于要和各种各样的周边设备配合并运行各种操作系统及应用程序，所以兼容性是非常重要的。在硬件方面包括对 CPU 的支持，是否支持 Intel、AMD、VIA 处理器，支持相应的内存，支持各种常见品牌的显示卡、声卡、网卡、SCSI 卡、Modem 卡等以及对即插即用的支持等。软件方面包括各种操作系统和应用软件能否运行，像 MS-DOS、Windows 98、Windows 2000、Windows XP、Windows NT、OS/2、UNIX、Novell 等。一般厂家都会有兼容性方面的测试报告供用户参考。

③ 速度。速度指标也是用户购买时普遍关心的一个性能指标。各个厂家生产的主板速度有差异主要是因为采用的芯片组（CHIP SET）不同；线路设计与 BIOS 设计最佳化不同；原配件或材料选用品质不同。一般取相同配置的主板（如芯片组相同），在相同配置（同样的 CPU、内存、显示卡、硬盘等）下用专业的测试软件来测得速度指标。

④ 升级扩展性。计算机技术日新月异，选购时要考虑主板升级扩展性，主要包括 CPU 升级余地，支持哪几家公司的产品等；内存升级能力，有多少个内存插槽，最大内存容量；有几个 PCI 插槽；BIOS 可否升级等。

此外选购主板还要观察主板的产品标记、检验标记、说明书、包装情况、售后服务等。

（3）内存条的选购。在实际应用中，内存容量的选择与运行软件的复杂程度有关、与主板的内存插槽有关。

由于多媒体微机系统需要处理声音、动态图像等信息，因此，内存容量不少于 256MB，有条件的用户最好安装 512MB 或 1024MB 的内存，以提高系统运行的效率。

对于专门处理三维立体图形、影像、动画等需要大存储量的计算机，需要配置 512MB 以上的内存容量。

不同类型的 CPU 和不同的主板以及安装不同的操作系统，要配备不同的速度和容量的内存条，CPU 的前端总线为 533MHz，一般配备 DDR 533 的内存条。CPU 的前端总线为 800MHz，一般配备 DDR 2800 的内存条。

选购内存还要考虑"品牌"，"电路板"加工的质量等。

（4）硬盘的选购。选购硬盘主要应考虑以下几点。

① 品牌。组装一台微机，其硬盘是关键部件之一，选什么样的硬盘，直接影响到整机的性能和价格。

市场上的硬盘很多，如常见的 Quantum（昆腾）、Maxtor（钻石）、Seagate（西捷）、Western Digital（西部数据）、Samsung（三星）、IBM 等。除了品牌还要考虑质量、价格、容量、速度和其他的一些指标。

② 质量。质量是选购硬盘的重要因素，应该说目前国内市场的硬盘质量都还可以，一般均是较大公司或较大组装厂生产的，而且有一年或二年以上维修或更换的保证。

③ 容量。容量是选择硬盘的主要参数，一般容量与价格是成正比的，不过也要根据年代的不同选择不同的容量。目前容量为 60～100GB 左右的价格适当，也足够用。若有特殊需要（如需装大量的游戏或装大量图像信息），则要考虑略大些容量。目前市场上硬盘的最大容量已超过 400GB。

④ 接口。接口的不同，其硬盘的速度、价格也就不同，如果不是用做图形处理或网络服务器，目前主选 E-IDE 接口或 SATA 的硬盘。

⑤ 速度。不同接口，速度等参数是不同的，一般用户使用则不必追求高速度。若所选的主板提供了高速的接口，在价格差不多的情况下，应考虑高速硬盘。目前的多种品牌均提供了 E-IDE Ultra DMA/66、Ultra DMA/100、Ultra DMA/133 和 Ultra DMA/150 接口的硬盘。若选择 Ultra

DMA/133，则一定要考查主板是否支持，信号电缆要采用 80 芯的，否则没有用处。高速接口的硬盘是完全向下兼容的。

目前的主板大都支持 SATA 硬盘，SATA 硬盘接口也成了大多数主板的标准接口，SATA 1.0 理论值就将达到 150MB/s，SATA 2.0/3.0 更可提升到 300MB/s 以至 600MB/s。

除了以上几项关键性能外，在选择时还要注意硬盘 Cache（高速缓冲存储器）的容量和硬盘转速。较大的 Cache 硬盘可大大发挥硬盘的性能。

硬盘转速目前有 5400r/min、7200 r/min 和 10000 r/min 等几种，其中比较常见的为 7200 r/min。

（5）显示卡的选购。显示卡厂商很多，但显示卡主要芯片的生产厂商只有几家，如著名的 nVIDIA、ATI、XGI、S3 等。显示卡主要芯片如同主机的 CPU 一样决定着显示卡的档次。选择显示卡时应注意以下几点。

① 性能。显示卡的性能主要是由显示主芯片决定的，首先应对目前流行的显示主芯片有所了解，并按其技术特性进行选购。因为一台计算机的性能如何，与显示卡的技术性能是密切相关的。在 CPU、主机板相同的情况下，不同的显示卡对整机的性能有较大的影响。

② 根据需求。需求是关键，自己在组装或为他人组装计算机之前，一定要搞清这台计算机主要用来做什么。因为不同的用途可以选择不同档次的配件。现在市面上常见的显示卡种类有几十种之多，价格从百元到几千元都有，其性能自然不同。所以要根据自己所需去选择什么档次的显示卡。

③ 显存。显示卡上的内存类型、大小、位数、频率对整机的性能有较大的影响，在某一方面也决定了显示卡的档次。更关键的是显卡内存直接影响到显示色彩的数量。所以，在选购显示卡时，要注意了解其本身所配置的显存容量有多大，速度是多大，最大可扩充容量是多大。

一般最好选择自身配 256MB 的显卡内存，显卡内存芯片为 DDR3，接口类型为 PCI-E 或 AGP 8X 显卡。如果考虑今后扩充，则选择有一定扩充显存的插槽的显示卡。总之，选择时要根据自己的经济实力和需要等几个方面综合考虑。

（6）显示器的选购。显示器的选择，应从实际需要出发，首先考虑选择 CRT 还是 LCD。选择 CRT 主要考虑以下几点。

① 屏幕尺寸。目前显示器从 15 英寸到 29 英寸或更大的都有。从目前看，微机广泛选配 17 英寸至 21 英寸数控调谐方式的显示器较为合适，也是当今的主流。因微机主要是单人操作，普通的键盘一般不能远离工作台，也就不能远离显示器。

② 显像管类型。显像管类型目前主要有特丽珑显像管、钻石珑显像管、三星丹娜管、纯平面显像管、美格珑显像管等。一般选择几何失真小的显示器。

③ 分辨率与刷新率。分辨率越高，显示效果越好，但价格相对较高。这一点要根据购买计算机的主要用途而定，一般用户能达到 17 英寸为 1280×1024 就可以了，但目前的分辨率为 21 英寸 1600×1200 显示器也可为首选。同时也要考虑刷新率，而且要两者综合考虑，因为分辨率高往往刷新率可能要低些。例如 1280×1024 为分辨率，刷新率达到 85Hz 的效果较好。

④ 点距。点距当然越小越好了，应在 0.25mm 以下。

⑤ 安全保护。省电、低辐射程度一般不易鉴别，在选购时，应查看显示器技术资料中的安全规范认证，是否通过 TCO'99 或 TCO'03 认证则成为选择显示器的一项重要参数。在 17 英寸的显示器中，符合 TCO'03 认证的产品应该是具备安全性好、保护性高的显示器，最好购买一些知名品牌的产品。

⑥ 价格。价格往往决定着显示器的尺寸及各方面的性能，根据维修和使用经验得出一个结论，价格过低的显示器往往各方面性能差，故障率高。所以不能图省钱来选择那些低劣的产品，

其后患不仅影响正常使用，而且对使用者的身体也是一个潜在的威胁。

LCD 显示器的选购：

主要考虑屏幕尺寸一般是 17～19 英寸，亮度 300cd/m²，对比度 700：1，响应时间 12ms 以下，色彩支持 24 位以上等参数。

（7）光驱的选购。选择光驱时若考虑一台光驱，优先考虑 DVD-ROM。

① 接口类型的选择依据。常见的 DVD-ROM 接口有 E-IDE 和 SCSI，如果没有特殊要求，应尽量选择 E-IDE 接口的 DVD-ROM。

② 选择何种数据传输率的 DVD-ROM。目前流行的 DVD-ROM 多为 16 倍速等高速 DVD-ROM，其各方面性能还是不错的。

③ 品牌的选择。市面上出售的 DVD-ROM 品牌很多，而且相同速度的 DVD-ROM 价格也千差万别。在正常情况下，总是一分钱一分货。在选择 DVD-ROM 时，应注意其兼容性，能支持多格式的光盘，即该品牌 DVD-ROM 能读取较多类型的光盘。

④ 最好买无区码保护的 DVD-ROM，同时注意售后服务。

（8）声卡和音箱的选购。某些主板上集成了符合 AC'97 标准的软声卡，这对于日常的应用已经足够了。若没有特别要求选择集成在主板上的声卡。

选择音箱主要考虑以下问题。

① 音箱外观。打开包装箱，检查音箱及其相关附属配件是否齐全，如音箱连接线、插头、音频连接线与说明书、保修卡等物。

观察主体音箱的外观造型是否符合常人的喜好，是否符合自己的口味，颜色搭配是否合理，有无明显不足之处。对主音箱的重量与体积进行简单的估计，看是否与标称的数值一致。要是主音箱的箱体过轻，则说明在箱体所用板材、电源变压器、扬声器等处存在严重的问题或有偷工减料的现象。然后观察副音箱在设计上与主音箱是否有明显的不对称现象。

仔细检查音箱的外贴皮，是否有明显的起泡、突起、硬伤痕和边缘贴皮粗糙不整等缺陷；检查箱体各板之间结合的紧密性，是否有不齐、不严、漏胶、多胶的现象；纱罩上的商标标记是否粘贴牢固；摘下前面板纱罩，检查纱罩内外做工是否精细、整齐；高低音单元材质、大小与说明书上的是否一致，是否存在小马拉大车的现象。检查高低音单元与箱体是否固定牢固和后面板与箱体是否粘接牢固。

对箱体的后部也应同样的重视：检查后面板的设计布局是否合理，利于开关、调节与旋钮；检查后面板与箱体是否固定得紧密。

② 音箱性能的评价标准。这是对音箱的音质、音色进行主观的听评。音箱是用于对声音信号进行声音还原的，所以它重现声源声音的准确性（即高保真度）就成为衡量音箱性能的第一标准了。

对多媒体音箱进行听评，不要求有多优美的音乐，而是要有能反映出音箱品质和它在某方面能力的高精度、高音质的特色声音，如游戏中的 MIDI 音乐、CD 音源的歌唱、流行音乐、爵士乐和从中高档声卡中输出的人声、流水声、鸣叫声、破裂声、爆炸声、风声等环境音效的表现力。在音箱位置的摆放上，也应在几种不同位置进行放音、听音、最后得出总体评价。

③ 价格及售后服务。产品的价格当然是消费者最为敏感的因素了，对于普通家庭用户而言，建议购买的音箱价格不要低于声卡的价格，正常情况下要再高一些为好。厂家提供的售后服务期限也是消费者应该关注的重要环节，在正常情况下音箱厂家提供一年的质量保证期是重要的。

（9）鼠标的选购。购买鼠标应注意其塑料外壳的外观与形态，据此可大体判断出制作工艺的好坏。鼠标器的外形曲线要符合手掌弧度，手持时感觉要柔和、舒适。在桌面上移动时要轻快，橡胶球的滚动灵活、流畅，按键反应灵敏、有弹性。另外，连接导线要柔软。优先选用 PS/2 鼠标。

（10）键盘的选购

① 各键的弹性要好。由于要经常用手敲打键盘的键，手感是非常重要的。手感主要是指键盘上各键的弹性，因此在购买时应多敲打几下，以自己感觉轻快为准。

② 注意键盘的背后。查看键盘的背后是否有厂商的名字和质量检验合格标签等，确保质量。

③ 一般应选购 104 以上键的键盘。自然键盘带有手托，可以减少因击键时间长而带来的疲惫，只是价格稍贵，有条件的用户应该购买这种键盘。采用 PS/2 接口。

2. 组装时注意事项

（1）从外观上检查各配件是否有损，特别是盒装产品一定要查看是否已拆封过，对于散装部件则注意到是否有拆卸、拼装痕迹，对于表面有划痕的部件要特别小心，它们极可能是不合格的部件，是计算机工作的不稳定的因素。

对于电子元件来说，一点小小的损伤都会使它失效。若电路板上有划痕、碰伤、焊点松动等问题就最好不要用它。另外，要注意如果一个产品的外包装被折开了，则一定要注意查看相应的配件是否齐全，如硬盘与软盘驱动器的排线（即数据信号线）、各种用途的螺钉、螺栓、螺母、螺帽是否齐全，如果可能的话，这些东西可以向商家多要一些，以备后用。

（2）准备好安装场地。安装场地要宽敞、明亮，桌面要平整，电源电压要稳定。在组装多台计算机时，最好一台使用一个场地，以免拿错配件。主要的工具有十字型和一字型螺丝刀各一把（最好选择带有磁性的）、剪刀一把、尖嘴钳一把、平夹子（镊子）一把。此外，还应配备电工笔、万用表等电子仪表工具。

（3）消除静电。静电如果不消除，可能会带来麻烦。在空气湿度较大的地方，静电现象也不严重，装机或拿板卡前洗洗手、摸摸接地导体即可；在较干燥的地方，尤其在冬天穿了多层不同质地的衣物时，操作过程中就可能因磨擦而产生大量的静电，所以建议使用防静电腕带。

（4）看说明书。装计算机前仔细阅读每个配件的说明书是很有必要的。

首先，要阅读主板的说明书，并根据其说明设定主板上的跳线和连接面板连线。今后若遇到需要复原 BIOS 设置情况时，也需要查阅跳线的设置，所以说明书要保存好。

其次，要阅读光驱和声卡说明书。光驱也有主、从盘之分，需要自己根据实际情况设置。此外光驱和声卡之间有一根音频线，说明书上会告诉连线的方法。多数光驱也会把印有主、从设置和音频输出口信息的纸贴在光驱上。

（5）注意防插错设计。装机时很重要的一点是注意各接口的防插错设计。这种设计有两种好处，一是防止插错接口，二是防止插反方向。比如显示器接口和串口的外形有点像，生手可能会对此产生疑惑。其实这两种接口的针脚不同，而且主机背板上的串口是针口、显示器接口是孔口（符合 PC99 规范的还有颜色上的区别），这就能防止插错。

（6）最小系统测试。这一步操作是容易被忽视的，但很有必要。即便做了防静电的工作，但依然不能保证所有的配件没有先天的缺陷，如果等计算机全部装好了才发现启动不了，那就做了太多的无用功了。

最小系统就是一套能运行起来的最简配置，通常用到主板、CPU、内存、显卡、显示器和电源盒。在装机过程中搭建最小系统通电，如果显示器有显示，说明上述配件正常，这样便能在最早时间检验出这些主要配件是否正常，甚至是电源能否正常工作。由于只做显示器点亮的测试，所以键盘可以不接。

3. 系统硬件组装操作步骤

对于微型机的组装，没有一个固定的程式，主要以方便、可靠为宜。

（1）在主板上安装 CPU 处理器和 CPU 风扇并连接风扇电源；

（2）在主板上安装内存条；

（3）将插好 CPU、内存条的主板固定在机箱内；

（4）在机箱内安装电源盒，连接主板上的电源；

（5）安装、固定软盘驱动器；

（6）安装、固定硬盘驱动器；

（7）安装、固定光盘驱动器；

（8）连接各驱动器的电源插头和数据线插头；

（9）安装显示卡和连接显示器；

（10）安装声卡和连接音箱；

（11）安装网卡和连接网络线；

（12）连接机箱面板上的连线（重置开关、电源开关、电源指示灯、硬盘指示灯）；

（13）开机前的最后检查；

（14）开机观察微型机是否正常运行；

（15）进入 BIOS 设置程序，优化设置系统的 CMOS 参数；

（16）保存设置的参数并进行 Windows 操作系统的安装。

3.1.2　硬件的组装

在安装之前，首先消除身体所带的静电，避免将主板或板卡上的电子器件损坏；其次注意爱护微机的各个部件，轻拿轻放，切忌猛烈碰撞，尤其对硬盘要特别注意这些。微型计算机的组装步骤如下。

1. 打开机箱

目前市场上流行的主要是立式的 ATX 机箱，如图 3-1 所示。机箱的整个机架由金属构成，按机箱的机架结构分有普通的螺钉螺母结构和抽拉式结构。这两种结构打开机箱的方式不同。

打开机箱的外包装，会看见很多附件，如螺钉、挡片等。然后取下机箱的外壳。机箱的整个机架由金属构成，它包括五寸固定架（可安装光驱和刻录机等）、三寸固定架（可用来安装软驱、三寸硬盘等）、电源固定架（用来固定电源）、底板（用来安装主板）、槽口（用来安装各种插卡）、PC 喇叭（可用来发出简单的报警声音）、接线（用来连接各信号指示灯以及开关电源）和塑料垫脚等。

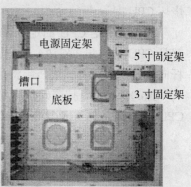

图 3-1　机箱的内部结构

2. 安装电源盒

把电源盒（如图 3-2 所示）放在电源固定架上，使电源后的螺钉孔和机箱上的螺钉孔一一对应，然后拧上螺钉。

图 3-2　微型机的电源盒

3. 内存条的安装

主板还没安装到机箱上时，内存条先安装在主板上。目前微机使用的内存条有两种：DIMM内存条（如 DDR 和 DDR2）和 RIMM 内存条。

（1）DIMM 内存条的安装：将内存条插槽两端的白色固定卡扳开。将内存条的金手指对齐内存条插槽的沟槽，金手指的凹孔要对上插槽的凸起点。将内存条垂直放入内存插槽。稍微用力压下内存条，两侧卡条自动扣上内存条两边的凹处，如果未压紧，可以用手指压紧。安装好的 DIMM 内存条，如图 3-3 所示。

图 3-3　安装好的 DIMM 内存条

（2）RIMM 内存条的安装：RIMM 内存条的安装和 DIMM 的安装相同，不同之处是主机板上未使用的 RIMM 插槽都必须插上 C-RIMM（Continuity RIMM），这样 RDRAM 才能正常工作。

4. CPU 的安装

（1）普通 Socket 插座 CPU（如 AMD 公司生产的 CPU）的安装

在目前的 Socket 插座主板上，CPU 的插座通常都是 ZIP（零拔插力）插座，这种插座可以很方便地安装 CPU。应注意的是 CPU 的定位引脚位置一定要和 CPU 插座的定位位置相对应，因为 CPU 的形状是正方形的，可以从任何一个方向放入插座，而一旦插入的方向错误，很可能烧坏 CPU。

首先要确定 CPU 的定位脚和 CPU 插座的定位脚的位置。CPU 的定位脚的位置非常明显，就是 CPU 的缺角（斜边）的位置或者有一个小白点的位置。接下来就是放入 CPU。先将 ZIP 拉杆向外拉，因为有一块凸起将拉杆卡在水平位置。然后，将拉杆向上拉起至垂直位置。

拉起拉杆后，按照定位脚对定位脚的方法将 CPU 放入插槽内，并稍用力压一下 CPU，保证CPU 的引脚完全到位。然后将拉杆压下卡入凸起部分，如图 3-4 所示。

图 3-4　安装 CPU

　　在 CPU 表面涂一层硅胶，如图 3-5 所示，再装上 CPU 的小风扇并连接风扇电源，风扇电源有正负极请注意方向，如图 3-6 所示。

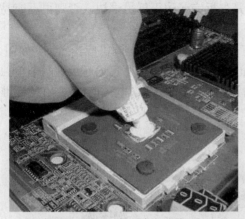

图 3-5　CPU 表面涂上硅胶

图 3-6　安装 CPU 的小风扇

　　至此，CPU 安装完毕。

　　（2）Pentium 4 CPU 的安装

　　① Socket 478 接口的 Pentium 4 安装。找到 CPU 的引脚缺口（如图 3-7 所示），将 CPU 上的缺针处与插座上的缺孔处对齐放入 CPU。

　　② Intel 原装 Socket 478 CPU 的散热片通常是分离式的（如图 3-8 所示），而且散热片和散热器固定装置都不是正方形，因此安装的时候需要注意摆放的位置。此外，虽然散热片中心处是一个粗铜柱，但涂抹硅胶仍然是必需的，毕竟 Pentium 4 CPU 发热大。

图 3-7　Socket 478 的芯片引脚缺口

图 3-8　Socket 478 CPU 的散热片

　　安装风扇时，需先将风扇上的四个卡钩与散热器固定装置上的卡孔对齐，然后将风扇向下压，直到四个卡钩完全扣住卡孔。这个过程可能需要用大一点力气，但也不要野蛮操作，毕竟整个风扇框架是全塑料结构的。

　　风扇安装到位之后并没有使散热片彻底压贴到 CPU 表面，还必须抬起 CPU 风扇上的把手向反方向拉（如图 3-9 所示），使散热片和 CPU 表面紧紧接触，这样才算完成了 CPU 的安装工作。

图 3-9　压杆要向反方向拉

最后，千万不要忘记将 CPU 风扇的电源插头连接到主板的"CPU FAN"插座上。

拆卸风扇的时候需要小心，因为风扇上的卡钩比较长，而且硬度比较大，"钩子"的位置也比较深，拆的时候必须用大点力气，而且最好是先拆完一边再拆另一边，否则很不容易将风扇拆下来。

③ 连接两个单独的电源接口。主板电源有一个四孔的 CPU 电源供应输入端（如图 3-10 右边所示）以及一个 ATX 电源接口，在安装 Pentium 4 系统时，不要忘记连接这两个单独的电源接口。通常 CPU 电源插头在主板的外设接口附近，而四孔的 CPU 电源接口与 ATX 标准接口设计在一起。

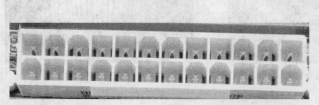

图 3-10　主板电源接口

（3）触点式 CPU 的安装

触点式 CPU 如 Intel 公司的 LGA775，CPU 底部是平的，只有 775 个触点，插座上也有 775 个触点。

① 在主板上找到 CPU 的插座，可以看到保护插座的一块座盖，打开座盖就可以看到一个用锁杆扣住的上盖如图 3-11 所示。

② 向外向上用力就可以拉开锁杆，然后打开上盖如图 3-12 所示，并使它与底座成 90°。

图 3-11　CPU 的上盖　　　　　　　图 3-12　拉开锁杆打开上盖

③ 将 CPU 的两个缺口位置对准插座中的相应位置，如图 3-13 所示。

④ 接着平稳地将 CPU 放入插座中，如图 3-14 所示。

图 3-13　两个缺口位置对准插座中的相应位置　　　图 3-14　CPU 放入插座中

⑤ 盖上插座上盖，并用锁杆扣好。再在 CPU 表面涂上一层硅脂，如图 3-15 所示。

⑥ 将风扇轻轻放在 CPU 上面，对准位置将四个固定脚对准主板上的 4 个对应的孔，如图 3-16 所示。

图 3-15　CPU 上涂一层硅脂

图 3-16　对准主板上的 4 个对应的孔

⑦ 稍微用力按下固定脚如图 3-17 所示，CPU 风扇就完全固定了。为了保证受力均匀，采用对角线固定，即第 1 个固定脚固定后，固定对角线的第 2 个固定脚，再固定其他的固定脚，最后连接 CPU 风扇的电源线。要想将风扇取下，只需要按固定脚上的箭头方向旋转并向上用力即可。

5. 主板的安装

在购买机箱时，会得到一个用于安装微机各个部件所需要的零件塑料袋。该塑料袋中有十字螺丝、主板固定螺丝、绝缘垫片等用于固定主板的零件，还有一些机箱背面的防尘挡片等。主板的组装步骤如下：

图 3-17　风扇的固定脚

（1）在机箱的底部有许多固定孔，相应地在主板上通常也有 5～7 个固定孔，如图 3-18 所示。

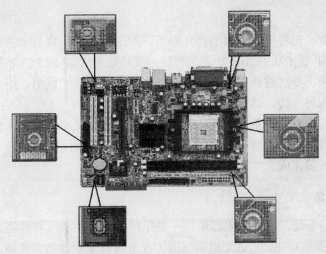

图 3-18　主板固定孔分布

这些固定孔有的机箱使用塑料定位卡和铜质固定螺柱固定，有的机箱只用铜质固定螺柱固定。使用铜质固定螺柱最好，因为这样固定的主板相当稳固，不易松动。塑料定位卡主要用于隔离底板和主板。

主板的安装方向可以通过键盘口、鼠标口、串、并行口和 USB 接口与机箱背面挡片的孔对齐，主板要与底板平行。要确定主板和机箱底板对应固定孔的位置。

（2）在确定了固定孔的位置后，将铜质固定螺柱的下面部分固定到机箱底板上。然后，小心地将主板按固定孔的位置放在机箱底板上，此时铜质固定螺柱上端的螺纹应该在主板的孔中露出，细心地放上绝缘垫片，最后拧上固定螺柱配套金属螺钉，如图 3-19 所示。

注意

在主板的安装时，要特别注意主板不要和机箱的底部接触，以免造成短路。

（3）设置主板跳线。主板跳线一般在超频时或清除 CMOS 内容时进行，要根据安装的 CPU 频率（外频、内频）进行。在主板上（或说明书上）能找到这些跳线说明。一般跳线用跳线帽和跳线开关，跳线柱以 2 脚、3 脚居多，通常以插上短接帽为选通。跳线帽内有一弹性金属片，跳线帽插入时，弹性金属片将两插针短路。3 脚以上的跳线开关多用于几种不同配置的选择。跳线开关如图 3-20 所示，拨动开关可以设置不同状态。跳线还有清除 CMOS 内容设置，BIOS 读、写状态设置等。有的主板是免跳线的。

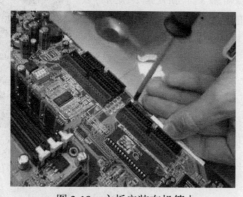

图 3-19　主板安装在机箱上　　　　　　图 3-20　跳线开关

6. 显卡的安装

在安装显卡之前，先将机箱后面的挡片取下。取下挡片后，将显卡垂直插入扩展槽中。目前比较常用的是 AGP 显卡和 PCI-E 显卡，所以一般是插入 AGP 或 PCI-E 扩展槽中。

在插入的过程中，要注意将显卡的插脚同时、均匀地插入扩展槽，用力不能太大，要避免单边插入后，再插入另一边，这样很容易损坏显卡和主板。

此时，显卡上的固定金属条的固定孔应和机箱上的固定孔相吻合。从机箱的零件塑料袋中找出十字螺丝钉，将显卡的金属条固定在机箱上，如图 3-21 所示。

至此，显示卡安装完成。

7. 显示器的安装

显示器背面有两条线，一条是电源线，一条是信号线。电源线与机箱后面的显示器电源插座相连（如图 3-22 所示）。由于 ATX 机箱后面大部分没有显示器电源插座，所以如果使用的机箱为该 ATX 机箱，那么，显示器的电源线应直接插在电源插座上。

然后，将数据线与机箱后的显示卡信号线插座相连接（如图 3-22 所示），并拧上信号线接头两侧的螺丝，使信号线和显示卡上的信号线插座稳固连接。

在电源线和信号线的连接中，可以发现两个接头与插座的形状是特定的，并且有方向性，所以能够方便地找到正确的连接方式。

图 3-21 安装显示卡

图 3-22 显示器数据线插座和插头

8. 电源线的安装

ATX 电源盒放入机箱的固定架上，在机箱背面能看到电源盒的插口，拧上螺丝。将主板电源插头（如图 3-23 所示）插入主板上的接口中（如图 3-24 所示），注意插头上的弹性塑料片和插座的突起相对。

图 3-23 ATX 电源插头

图 3-24 ATX 电源插座

其余 4 个插头中一个较小（4 线）的 3.5 英寸软驱电源插头，另 3 个较大的四针 D 型插头为硬盘和光驱电源插头，如图 3-25 所示。

硬盘、光驱电源插头

软驱电源插头

图 3-25 外设电源插头

大四针电源插头的一方为直角，另一方有倒角。观察硬盘等部件的后部，会找到一个四针的插座，它与大四针插头相对应，内框的一边为直角，另一边有倒角。由于插头、插针在设计制造时考虑了方位的衔接（倒角），一般不会插反方向。如果插错，将不能紧密结合，使部件得不到电源，如果强行插入，会造成设备（如硬盘）的损坏。小四针插头和插座在设计制造时也考虑了方位的衔接，一般不会插错，如果强行反向插入，会将 3.5 英寸软驱损坏。在连接时，将小四针插头与 3.5 英寸软驱后部的插座对好，慢慢插入。

9. 硬盘的安装

图3-26　固定硬盘

安装前要选择好硬盘的安装位置。为了方便，大多数卧式机箱竖直安装，立式机箱水平安装，在安装硬盘时一定要轻拿轻放。

轻轻将硬盘放入固定槽，并用螺丝固定好，如图3-26所示。

固定好硬盘驱动器后，将40芯扁平电缆线连接硬盘，一端插头插入硬盘后部的插座，请注意方向。

扁平电缆线的红线端应与硬盘插座的1号脚相对。主板上通常有硬盘的接口插座，要认准IDE1标志，有的主板上标志为Primary IDE。将扁平电缆线的另一端插入主板上的IDE1插座，电缆线的红线端应与插座的1号脚相对，如图3-27所示。

如果采用的是80芯的数据电缆（ATA66/100接口），则必须保证设备的主从状态与电缆上的主从接口保持正确的对应关系，否则很有可能导致设备不正常工作或无法发挥其性能。

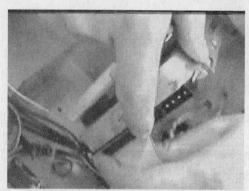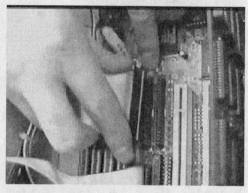

图3-27　硬盘数据线与主板连接

图3-28　连接硬盘电源接头

80芯的IDE数据电缆虽然和40芯的电缆大致相同，都有三个形状一模一样的接口，但它们却有明确的定义：蓝色的插头（标有SYSTEM）接主板、黑色的插头（标有MASTER）接IDE主设备、灰色的插头（标有SLAVE）接IDE从设备。

硬盘电源使用较大的D型4针插头，将电源插头插入硬盘后部的电源插座。通常，电源线的红线端应靠近里面，与扁平电缆线的红线端相对，插反了通常插不进去，如图3-28所示。

10. 光驱的安装

光驱的安装与硬盘安装类似。

首先，取下机箱前面的挡板，放入光驱，调整光驱的位置，拧上固定螺丝。

　　然后，将 40 芯扁平电缆线的插头插入光驱后面的插座，注意扁平电缆线的红线端与插座的 1 号脚相对应。将另外一端接在主板上的 IDE2 插座上，同样要注意电缆线的红线端与插座上 1 号脚对应，如图 3-29 所示。

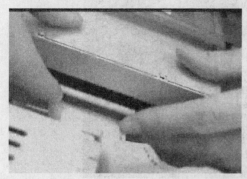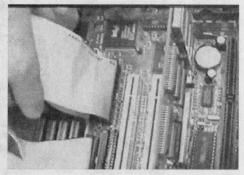

图 3-29　光驱数据线与主板连接

　　最后，安装光驱的电源。将电源线的插头插入光驱后部的光驱电源插座。通常，电源线的红线端应靠近里面，与扁平电缆线的红线端相对。

　　安装结束后，连接好的光驱电源插头如图 3-30 所示。

11. 软驱的安装

　　首先，取下机箱前面的挡板，放入软驱，调整软驱的位置，拧上固定螺丝，如图 3-31 所示。

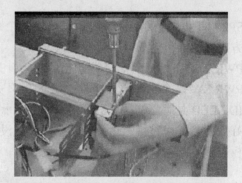

图 3-30　连接光驱电源插头　　　　　　　　图 3-31　固定软驱

　　然后，将 34 芯扁平电缆线的一端接在主板的软驱接口上，另外一端接在软驱的数据接口上。同样要注意电缆线的红线一端与接口的 1 号脚对应，如图 3-32 所示。

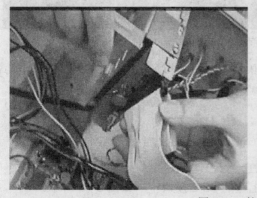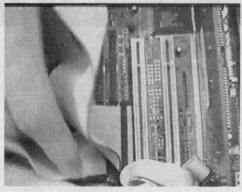

图 3-32　软驱数据线与主板连接

最后，安装软驱的电源线，如图 3-33 所示。

图 3-33　连接软驱的电源插头

12. 机箱面板控制线的安装

在主板上的接线插针位于主板边缘，它配合计算机面板上的插头来达到控制计算机、指示计算机工作状态的目的，每组插头与插针均有相同的英文标识，二者相对应插入。如图 3-34 所示上方标有英文含义如下：

RESET 插头是个两针插头，它的作用是使计算机复位，RESET 插头没有方向性，插上即可。

SPEAKER 是个四针插头。但是只用两个针，一般中间两针是空的，其作用是接通扬声器，它有方向性，插上后扬声器就能正常工作。

PWR.LED 是个三针插头，一般中间一针是空的。系统电源指示灯插头，有方向性。

PWR.SW 是个二针插头，即 ATX 电源开关/软开机开关插头。一般插在主板上。

IDE.LED 是个二针插头。它连接硬盘指示灯，可以随时告诉硬盘的使用情况。它有方向性，若接好后硬盘工作时指示灯不亮，反接后就没问题了。主板上硬盘指示灯接脚的位置根据不同的主板有所不同，请读者参考主板说明书。

图 3-34　面板控制线

至此，已将一台多媒体计算机组装完毕。组装计算机，关键要胆大、心细，计算机毕竟是一台供用户使用的机器，可以不必去了解它的具体原理。

3.1.3　基本外设的安装

1. 鼠标的安装

鼠标的接法和键盘相同，将鼠标插头插在上边的 PS/2 接口中，如图 3-35 所示。

有的鼠标是接在 COM 口（或 USB 口）上的。

2. 键盘的安装

首先要找到机箱背面下边的 PS/2 接口，如图 3-35 所示。

键盘插孔上部有一个清晰的箭头。这个箭头的位置应和键盘的数据线接头上的凹槽相对应插入。

如果在连接时没有对应插孔，是无法插入的。键盘一定要插紧，很多情况下键盘无法使用是由于接头松动的缘故。

3. 声卡及音箱的安装

首先，根据声卡的插脚，在主板上找一对应的空的扩展槽插入并固定好，这一过程与显卡的安装过程一样。

然后，根据需要将光驱的信号线连接到声卡上对应的 DVD-ROM 信号插座上，注意红线对准插座的 1 脚。

接着，将 DVD-ROM 的音频输出线连接到声卡的音频输入插座上。该插座一般有 4 根引脚，即两根地线和左右声道的信号线，排列顺序随声卡的生产厂家的不同而不同（声卡用户手册中有说明）。连接时，声卡上的左右声道分别对应 DVD-ROM 音频输出插头的左右声道，声卡的地线接 DVD-ROM 的地线。

声卡的侧面插孔的作用，SPEAKER 插孔接音箱，MIC IN 插孔接话筒，LINE OUT 线性输出接有源扬声器，LINE IN 线性输入接音响设备（录音机），如图 3-36 所示。

图 3-35　左边为 PS/2 接口，右边为集成声卡接口　　　图 3-36　声卡的接口

注意

有的主板集成了声卡，主板的背面引出接口如图 3-35 的右边所示。

将音箱的信号线与声卡上扬声器输出插孔 SPEAKE 相连。然后将音频线的红、白莲花插头插在音箱的音频输入孔上，左右声道插孔各插一个插头。最后将两个音箱连接起来。

3.1.4　组装完成后的初步检查

计算机各部件安装完后，要进行调试，测试安装是否正确。先检查以下几方面安装是否正确。

（1）主板上 CPU 频率跳线是否设置合理。

（2）CPU 缺口标记和插座上的缺口标记是否对应。

（3）CPU 风扇是否接上电源。

（4）机箱面板引出线是否插接正确。

（5）软驱上的数据线的红色线是否对着"1"标记。

（6）硬盘、光驱的数据线的红色线是否对着电路板的"1"标记。

当确定一切无误后，按下机箱上的电源开关。

在开机前先不要上机箱盖，通电后要注意是否有异常现象，如异味或冒烟等，一旦出现异常现象立即关机检查。如果开机一切正常，还要注意 BIOS 自检是否正确通过。一般来讲，BIOS 自检无法通过的原因，一是板卡接触不良，只需重插一次就行了；二是板卡损坏，这只有找商家更换。

BIOS 自检通过后还需在 BIOS 设置程序中正确设置如软驱、硬盘等参数；对硬盘进行分区及高级格式化，安装操作系统等软件。

初调成功后，在关机状态将机箱内的各种数据线整理好，并用塑料线扎一下，使机箱内显得整洁，也有利于维护和维修时对机箱内部各部件的检查。然后，盖上机箱盖，拧上固定螺丝，则微机组装成功。

3.2　CMOS 设置

当计算机开机时，BIOS 首先对主板上基本硬件做自我诊断，设定硬件时序的参数，检测所有硬件设备，最后才将系统控制权交给操作系统。

一般要在以下情况下进行 CMOS 设置：新购的计算机，以便告诉计算机整个系统的配置情况；新增部件，计算机不一定能识别，必须通过 CMOS 设置通知它；CMOS 数据丢失，如电池失效、病毒破坏 CMOS 数据；系统优化，为了使系统运行处于最佳状态要进行 CMOS 设置。

3.2.1　常见的 CMOS 设置方法

（1）开机启动时的快捷键。在开机时按下特定组合键可以进入 CMOS 设置。不同类型的计算机进入 CMOS 设置的按键不同，有的在屏幕上给出提示，有的不给出提示。常见的几种 BIOS 型号进入设置程序的方法如表 3-1 所示。

表 3-1　进入 BIOS 设置程序的方法

BIOS 型号	进入 BIOS 设置程序的按键	有无屏幕提示
AMI	<Del>或<Esc>	有
AWARD	<Del>或<Ctrl>＋<Alt>＋<Esc>	有
MR	<Esc>或<Ctrl>＋<Alt>＋<Esc>	无
QUADTEL	<F2>	有
COMPAQ	<F10>	无
AST	<Ctrl>＋<Alt>＋<Esc>	无
PHOENIX	<Ctrl>＋<Alt>＋S	无

（2）可以读写 CMOS 的应用软件。一些应用程序提供了对 CMOS 的读、写、修改功能，通过它们可以对一些基本系统配置进行修改。

（3）进入 Setup 程序之后，第一个屏幕就是主菜单。

主菜单显示了 BIOS 所提供的设定项目类别。使用方向键（↑↓）选择不同的条目。对选定项目的提示信息显示在屏幕的底部。

如果发现在左边某一区域有向右的指针符号（如▶所示），这就意味此项有附加的子菜单。

进入此子菜单，选中此项，按下回车。然后可以使用控制键在子菜单直接移动并改变设定值。回到主菜单，按下<Esc>按键。

　　BIOS 设定程序提供了帮助屏幕。可以通过简单地按下<F1>键从任何菜单中调出此帮助屏幕。此帮助屏幕列出了相应的键和可能的的选择项目。按下<Esc>键退出帮助屏幕。

3.2.2　AWARD BIOS CMOS 设定

　　进入了 AWARD BIOS CMOS 设定工具，屏幕上会显示主菜单（如图 3-37 所示）。主菜单共提供了十二种设定功能和两种退出选择。用户可通过方向键选择功能项目，按<Enter>键可进入子菜单。

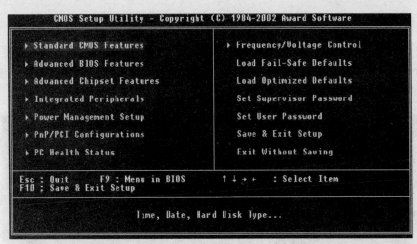

图 3-37　AWARD BIOS CMOS 设定主窗口

（1）Standard CMOS Features（标准 CMOS 特征）

使用此菜单可对基本的系统配置进行设定，例如时间，日期。

（2）Advanced BIOS Features（高级 BIOS 特征）

使用此菜单可对系统的高级特性进行设定。

（3）Advanced Chipset Features（高级芯片组特征）

使用此菜单可以修改芯片组寄存器的值，优化系统的性能表现。

（4）Integrated Peripherals（整合周边）

使用此菜单可对周边设备进行特别的设定。

（5）Power Management Setup（电源管理设定）

使用此菜单可以对系统电源管理进行特别的设定。

（6）PnP/PCI Configurations（PnP/PCI 配置）

此项仅在系统支持 PnP/PCI 时才有效。

（7）PC Health Status（PC 当前状态）

此项显示了 PC 的当前状态。

（8）Frequency/Voltage Control（频率/电压控制）

此项可以规定频率和电压设置。

（9）Load Fail-Safe Defaults（载入故障安全默认值）

使用此菜单载入工厂默认值作为稳定的系统使用。

（10）Load Optimized Defaults（载入高性能默认值）

使用此菜单载入最好的性能但有可能影响稳定的默认值。

（11）Set Supervisor Password（设置管理员密码）

使用此菜单可以设置管理员的密码。

（12）Set User Password（设置用户密码）

使用此菜单可以设置用户密码。

（13）Save & Exit Setup（保存后退出）

保存对 CMOS 的修改，然后退出 Setup 程序。

（14）Exit Without Saving（不保存退出）

放弃对 CMOS 的修改，然后退出 Setup 程序。

1. 标准 CMOS 特征

Standard CMOS Features 菜单（如图 3-38 所示）中的项目共分为 11 个类。每类不包含或包含一个到一个以上的可修改项目。使用方向键选定要修改的项目，然后使用<PgUp>键或<PgDn>键选择所需要的设定值。

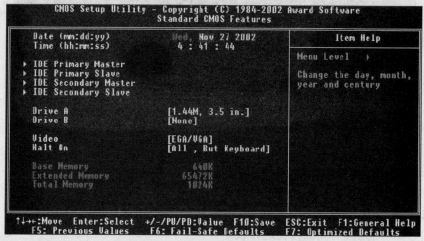

图 3-38　Standard CMOS Features 菜单

（1）Date（日期）

日期的格式为<星期><月><日><年>。

day 星期，从 Sun.（星期日）到 Sat.（星期六），由 BIOS 定义。只读。

month 月份，从 Jan.（一月）到 Dec.（十二月）。

date 日期，从 1 到 31 可用数字键修改。

year 年，用户设定年份。

（2）Time（时间）

时间的格式为<时><分><秒>。

（3）IDE Primary/Secondary Master/Slave（IDE 第一/第二主/从）

按 PgUp/<+>或 PgDn/<->键选择硬盘类型：Manual，None 或 Auto。驱动设备的规格必须与设备表（Drive Table）内容相符合。如果在此项中输入的信息不正确，硬盘将不能正常工作。如果硬盘规格不符合设备表，或设备表中没有，可选择 Manual 用手动设定硬盘的规格。

如果选择 Manual，将会被要求在后面的列表中输入相关信息，可直接从键盘输入。可以从设备制造商提供的说明资料中获得详细信息。

Access Mode 设定值：CHS，LBA，Large，Auto；

Capacity 存储设备格式化后的存储容量；

Cylinder 柱面数；

Head　磁头数；

Precomp　硬盘写预补偿；

Landing Zone　磁头停放区；

Sector　扇区数。

（4）Drive A/B（驱动器 A/B）

此项允许选择安装的软盘驱动器类型。可选项有：None，360KB、5.25in，1.2MB、5.25 in，720KB、3.5 in，1.44MB、3.5 in，2.88MB、3.5 in。

（5）Video（视频）

此项允许选择系统主显示器的视频转接卡类型。可选项有 EGA/VGA，CGA 40，CGA 80，MONO。

（6）Halt On（（停机条件）此项决定在系统引导过程中遇到错误时，系统是否停止引导。可选项有：

All Errors　侦测到任何错误，系统停止运行；

No Errors　侦测到任何错误，系统不会停止运行；

All，But Keyboard　侦测到关键错误，系统停止运行；

All，But Diskette　侦测到磁盘错误，系统停止运行；

All，But Disk/Key　侦测到磁盘错误或关键错误，系统停止运行。

（7）Base/Extended/Total Memory（基本/扩展/总内存）

此 3 个选项用来显示内存的状态（只读）的。

2. 高级 BIOS 特征

高级 BIOS 特征窗口如图 3-39 所示。

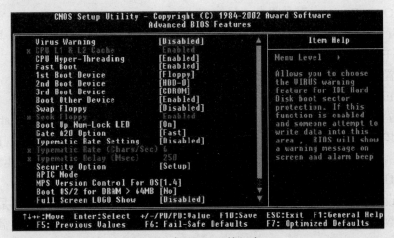

图 3-39　高级 BIOS 特征窗口

（1）Virus Warning（病毒报警）

可以选择 Virus Warning 功能，可对 IDE 硬盘引导扇区进行保护。打开此功能后，如果有程序企图在此区中写入信息，BIOS 会在屏幕上显示警告信息，并发出蜂鸣报警声。设定值有

Disabled，Enabled。

（2）CPU L1 & L2 Cache（CPU 一级和二级缓存）

此项允许打开或关闭 CPU 内部缓存（L1）和外部缓存（L2）。设定值有 Enabled，Disabled。

（3）CPU Hyper-Threading（CPU 超线程，845PE/GE/GV/G 芯片组支持）

为了使计算机系统运行超线程技术的功能，需要以下平台：

- CPU：一个带有 HT 技术的 Intel Pentium 4 处理器；
- 芯片组：一个带有支持 HT 技术的 Intel 芯片组；
- BIOS：支持 HT 技术的 BIOS 并且设为 Enabled；
- 操作系统：支持 HT 技术的操作系统。

此项允许控制超线程功能。设置为 Enabled 将提高系统性能。设定值有 Enabled、Disabled。

（4）Fast Boot（快速引导）

将此项设置为 Enabled 将使系统在启动时跳过一些检测过程，这样系统会在 5 秒内启动。设定值有 Enabled、Disabled。

（5）1st/2nd/3rd Boot Device（第一/第二/第三启动设备）

此项允许设定 AMI BIOS 载入操作系统的引导设备启动顺序，设定值为：

Floppy 系统首先尝试从软盘驱动器引导；

LS120 系统首先尝试从 LS120 引导；

HDD-0 系统首先尝试从第一硬盘引导；

SCSI 系统首先尝试从 SCSI 引导；

CDROM 系统首先尝试从 CD-ROM 驱动器引导；

HDD-1 系统首先尝试从第二硬盘引导；

HDD-2 系统首先尝试从第三硬盘引导；

HDD-3 系统首先尝试从第四硬盘引导；

ZIP 系统首先尝试从 ATAPI ZIP 引导；

LAN 系统首先尝试从网络引导；

Disabled 禁用此次序。

（6）Boot Other Device（其他设备引导）

将此项设置为 Enabled，允许系统在从第一/第二/第三设备引导失败后，尝试从其他设备引导。

（7）Swap Floppy（交换软驱盘符）

将此项设置为 Enabled 时，可交换软驱 A:和 B:的盘符。

（8）Seek Floppy（寻找软驱）

将此项设置为 Enabled 时，在系统引导前，BIOS 会检测软驱 A:，设定值有 Disabled、Enabled。

根据所安装的启动装置的不同，在"1st/2nd/3rd Boot Device"选项中所出现的可选设备有相应的不同。例如：如果系统没有安装软驱，在启动顺序菜单中就不会出现软驱的设置。

（9）Boot Up Num Lock LED（启动时 Num lock 状态）

此项用来设定系统启动后 Num Lock 的状态。当设定为 On 时，系统启动后将打开 Num Lock，小键盘数字键有效。当设定为 Off 时，系统启动后 Num Lock 关闭，小键盘方向键无效。设定值为 On、Off。

（10）Gate A20 Option（Gate A20 的选择）

此项用来设定 Gate A20 的状态。A20 是指扩展内存的前部 64KB。当选择默认值 Fast 时，GateA20 是由端口 92 或芯片组的特定程序控制的，它可以使系统速度更快。当设置为 Normal，

A20 是由键盘控制器或芯片组硬件控制的。

（11）Typematic Rate Setting（键入速率设定）

此项是用来控制字符输入速率的。设置包括 Typematic Rate（字符输入速率）和 Typematic Delay（字符输入延迟）。

（12）Typematic Rate（Chars/Sec）（字符输入速率，字符/秒）

Typematic Rate Setting 选项启用后，可以设置键盘加速度的速率（字符/秒）。设定值为 6、8、10、12、15、20、24、30。

（13）Typematic Delay（Msec）（字符输入延迟，毫秒）

此项允许选择键盘第一次按下去和加速开始间的延迟。设定值为 250、500、750 和 1000。

（14）Security Option（安全选项）

此项指定了使用的 BIOS 密码的类型保护。设置值如下为：

Setup　当用户尝试运行设置时，出现密码提示，

System　每次机器开机或用户运行设置后，出现密码提示。

（15）APIC Mode（APIC 模式）

此项是用来启用或禁用 APIC（高级程序中断控制器）的。根据 PC2001 设计指南，此系统可以在 APIC 模式下运行。启用 APIC 模式将会扩展可选用的中断请求 IRQ 系统资源。设定值有：Enabled，Disabled。

（16）MPS Version Control For OS（MPS 操作系统版本控制）

此项允许选择在操作系统上应用哪个版本的 MPS（多处理器规格）。选择的操作系统支持的 MPS 版本。要查明使用哪个版本，请咨询操作系统的经销商。设定值为：1.4 和 1.1。

（17）Boot OS/2 DRAM > 64MB（使用大于 64MB 内存引导 OS/2）

此项允许在 OS/2 操作系统下使用大于 64MB 的 DRAM。设定值有：No，OS2。

（18）Full Screen LOGO Show（全屏显示 LOGO）

此项能在启动画面上显示公司的 LOGO 标志。

Enabled　启动时显示静态的 LOGO 画面，

Disabled　启动时显示自检信息。

3. 高级芯片组特征

高级芯片组特征如图 3-40 所示。

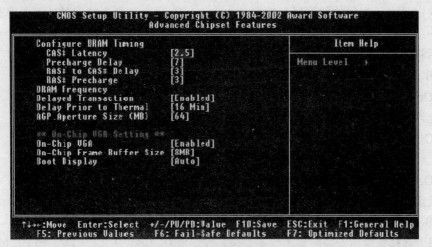

图 3-40　高级芯片组特征

（1）Configure DRAM Timing（设置内存时钟）

此设置决定 DRAM 时钟设置是否由读取内存模组上的 SPD（Serial Presence Detect）EPROM 决定。设置为 By SPD 允许内存时钟，根据 SPD 的设置由 BIOS 自动决定配置；设置为 Manual 即允许用户手动配置这些项目。

（2）CAS# Latency（CAS 延迟）

此项控制了 SDRAM 在接受了命令并开始读之间的延迟（以时钟周期）。设定值有：1.5、2、2.5、3（Clocks）。1.5 个 Clock 是增加系统性能，而 3 个 Clock 是增加系统的稳定性。

（3）Precharge Delay（预充电延迟）

此项规定了在预充电之前的空闲周期。设定值有 7、6 和 5（Clocks）。

（4）RAS# to CAS# Delay（RAS 到 CAS 的延迟）

此项允许设定在向 DRAM 写入、读出或刷新时，从 CAS 脉冲信号到 RAS 脉冲信号之间延迟的时钟周期数。更快的速度可以增进系统的性能表现，而相对较慢的速度可以提供更稳定的系统表现。此项仅在系统中安装有同步 DRAM 才有效。设定值有 3、2（Clocks）。

（5）RAS# Precharge（RAS 预充电）

此项用来控制 RAS（Row Address Strobe）预充电过程的时钟周期数。如果在 DRAM 刷新前没有足够的时间给 RAS 积累电量，刷新过程可能无法完成而且 DRAM 将不能保持数据。此项仅在系统中安装了同步 DRAM 才有效。设定值有 3、2（Clocks）。

（6）DRAM Frequency（内存频率）

此项允许设置所安装的内存频率。可选项为：Auto，DDR200，DDR266，DDR333（仅845GE/PE 支持）。

（7）Delayed Transaction（延迟传输）

芯片组内置了一个 32-bit 写缓存，可支持延迟处理时钟周期，所以与 ISA 总线的数据交换可以被缓存，而 PCI 总线可以在 ISA 总线数据处理的同时进行其他的数据处理。若设置为 Enabled 可兼容 PCI 2.1 规格。设定值有 Enabled、Disabled。

（8）Delay Prior to Thermal（超温优先延迟）

当 CPU 的温度到达了工厂预设的温度，时钟将被适当延迟。温度监控装置开启，由处理器内置传感器控制的时钟模组也被激活以保持处理器的温度限制。设定值有 4 Min，8 Min，16 Min，32 Min。

（9）AGP Aperture Size（MB）（AGP 显存容量，MB）

此项决定了用于配置的图形显存的有效大小。AGP 显存是内存映射的，而图形数据是在图形的显存中。显存容量必须设计为不可在中央处理器缓存区内，对显存容量的访问被转移到主内存，然后将通过保留在主内存中的译码表格翻译原始结果地址。此选项可选择显存容量为：4MB、8MB、16MB、32MB、64MB、128MB 和 256MB。

（10）On-Chip VGA Setting（板载 VGA 设置）

此项允许配置板载 VGA。

（11）On-Chip VGA （（板载 VGA）

此项允许控制板载 VGA 功能。设定值有 Enabled 和 Disabled。

（12）On-Chip VGA Frame Buffer Size（板载 VGA 帧缓冲容量）

此项设定了系统内存分配给视频的内存容量。设定值有：1MB，8MB。

（13）Boot Display（引导显示）

此项用于选择系统所安装的显示设备类型。设定值有 Auto、CRT、TV、EFP。选项 EFP 可引用 LCD 显示器。

4. 整合周边设备

整合周边设备如图 3-41 所示。

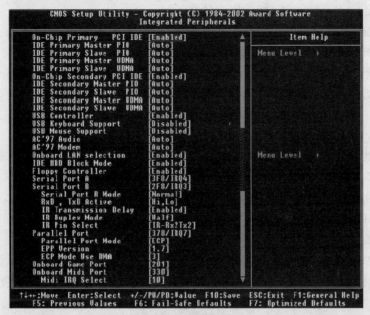

图 3-41　整合周边设备

（1）On-Chip Primary/Secondary PCI IDE（板载第一/第二 PCI IDE）

整合周边控制器包含了一个 IDE 接口，可支持两个 IDE 通道。选择 Enabled 可以独立地激活每个通道。

（2）IDE Primary/Secondary Master/Slave PIO（IDE 第一/第二主/从 PIO）

四个 IDE PIO（可编程输入/输出）项允许为板载 IDE 支持的每一个 IDE 设备设定 PIO 模式（0-4）。模式 0 到 4 提供了递增的性能表现。在 Auto 模式中，系统自动决定每个设备工作的最佳模式。设定值有 Auto、Mode 0、Mode 1、Mode 2、Mode 3、Mode 4。

（3）IDE Primary/Secondary Master/Slave UDMA（IDE 第一/第二主/从 UDMA）

Ultra DMA/33/66/100 只能在 IDE 硬盘支持此功能时使用，而且操作环境包括一个 DMA 驱动程序（Windows 95 OSR2 或第三方 IDE 总线控制驱动程序）。如果硬盘和系统软件都支持 Ultra DMA/33，Ultra DMA/66 或 Ultra DMA/100，选择 Auto 使 BIOS 支持有效。设定值有 Auto、Disabled。

（4）USB Controller（USB 控制器）

此项用来控制板载 USB 控制器。设定值有 Enabled、Disabled。

（5）USB Keyboard/Mouse Support（USB 鼠标/键盘控制）

如果在不支持 USB 或没有 USB 驱动的操作系统下使用 USB 键盘或鼠标，如 DOS 和 SCO UNIX，需要将此项设定为 Enabled。

（6）AC'97Audio（AC'97 音频）

选择 Auto 将允许主板检测是否有音频设备在被使用。如果检测出了音频设备，板载的 AC'97 控制器将被启用。如果没有，控制器将被禁用。如果想使用其他的声卡，请禁用此功能。设定值有 Auto、Disabled。

（7）AC'97 Modem（AC'97 调制解调器）

选择 Auto 将允许主板检测是否有板载调制解调器在被使用。如果检测到了调制解调器设备，板载的 AC'97（Modem Codec'97）控制器将被启用。如果没有，控制器将被禁用。如果想使用其他的调制解调器，请禁用此功能。设定值有 Auto、Disabled。

（8）Onboard LAN selection（板载网卡选择）

此项允许决定板载 LAN 控制器是否要被激活。设定值有 Enabled、Disabled。

（9）IDE HDD Block Mode（IDE 硬盘块模式）

块模式也被称为块交换，多扇区读/写。如果 IDE 硬盘支持块模式（多数新硬盘支持），选择 Enabled，自动检测到最佳的且硬盘支持的每个扇区的块读/写数。设定值有 Enabled、Disabled。

（10）Floppy Disk Controller（软驱控制器）

此项用来控制板载软驱控制器。

选项描述：

Auto BIOS 将自动决定是否打开板载软盘控制器；

Enabled 打开板载软盘控制器；

Disabled 关闭板载软盘控制器。

（11）Serial Port A/B（板载串行接口 A/B）

此项规定了主板串行端口 1（COM A）和串行端口 2（COM B）的基本 I/O 端口地址和中断请求号。选择 Auto 允许 AWARD 自动决定恰当的基本 I/O 端口地址。设定值有 Auto、3F8/IRQ4、2F8/IRQ3、3E8/COM4、2E8/COM3、Disabled。

（12）Serial Port B Mode（串行接口 B 模式）

此项允许设置串行接口 B 的工作模式。设定值有：Normal，1.6μs，3/16 Baud，ASKIR。

Normal：RS-232C 串行接口；

IrDA：IrDA-兼容串行红外线接口；

ASKIR：广泛 Shift Keyed 红外线接口。

（13）RxD，TxD Active（RxD，TxD 活动）

此项允许决定 IR 周边设备的接收和传送速度。设定值有：Hi、Hi、Hi、Lo、Lo、Hi、Lo、Lo。

（14）IR Transmission Delay（IR 传输延迟）

此项允许决定 IR 传输在转换为接收模式中，是否要延迟。设定值有 Disabled、Enabled。

（15）IR Duplex Mode（IR 双工模式）

此项用来控制 IR 传送和接收的工作模式。设定值有 Full、Half。在全双工模式下，允许同步双向传送和接收。在半双工模式下，仅允许异步双向传送和接收。

（16）IR Pin Select（使用 IR 针脚）

请参考 IR 设备说明文件，以正确设置 TxD 和 RxD 信号。设定值有 RxD2、TxD2、IR-Rx2Tx2。

（17）Parallel Port（并行端口）

此项规定了板载并行接口的基本 I/O 端口地址。选择 Auto，允许 BIOS 自动决定恰当的基本 I/O 端口的地址。设定值有 Auto、378/IRQ7、278/IRQ5、3BC/IRQ7、Disabled。

（18）Parallel Port Mode（并行端口模式）

此项可以选择并行端口的工作模式。设定值有 SPP、EPP、ECP、ECP+EPP、Normal。

SPP：标准并行端口；

EPP：增强并行端口；

ECP：扩展性能端口；

ECP + EPP：扩展性能端口+增强并行端口。

（19）EPP Version（EPP 版本）

如果并行端口设置为 EPP 模式，那么此项可以选择 EPP 的版本。设定值有 1.7、1.9。

（20）ECP Mode Use DMA（在 ECP 模式使用 DMA）

ECP 模式用于 DMA 通道。当用户选择 ECP 特征的板载并行端口，一定要设置 ECP Mode User DMA 。同时，用户可以在 DMA 通道 3 和 1 之间选择。

（21）Onboard Game Port（板载游戏端口）

此项用来设置板载游戏端口的基本 I/O 端口地址。设定值有 Disabled、201、209。

（22）Onboard Midi Port（板载 Midi 端口）

此项用来设置板载 Midi 端口的基本 I/O 端口地址。设定值有 Disabled、330、300、290。

（23）Midi IRQ Select（Midi 端口 IRQ 选择）

此项规定了板载 Midi 端口的中断请求号。设定值有 5、10。

5. 电源管理设置

电源管理设置如图 3-42 所示。

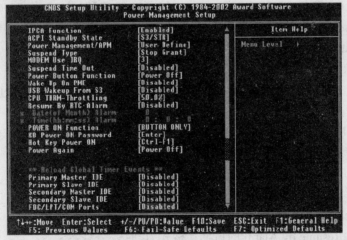

图 3-42　电源管理设置

只有当 BIOS 支持 S3 睡眠模式时，在这里所描述的关于 S3 的功能才可以应用。

（1）IPCA Function（IPCA 操作系统）

此项是用来激活 ACPI(高级配置和电源管理接口)功能的。如果操作系统支持 ACPI-aware，例如 Windows 98SE/2000/ME，选择 Enabled。设定值为 Enabled、Disabled。

（2）ACPI Standby State（ACPI 备用状态）

此选项设定 ACPI 功能的节电模式。可选项有：S1/POS S1 休眠模式是一种低能耗状态，硬件（CPU 或芯片组）维持着所有的基本运行。S3/STR S3 休眠模式是一种低能耗状态，在这种状态下仅对主要部件供电，比如主内存和可唤醒系统设备，并且系统文件将被保存在主内存。一旦有"唤醒"事件发生。存储在内存中的这些信息被用来将系统恢复到以前的状态。

（3）Power Management/APM（电源管理/APM）

此项用来选择节电的类型（或程度）和与此相关的模式：Suspend Mode 和 HDD Power Down

下对电源管理的选项：

User Define 允许终端用户为每个模式分别配置模式；

Min Saving 最小省电管理，Suspend Time Out = 1 Hour，HDDPower Down = 15 Min；

Max Saving 最大省电管理，Suspend Time Out = 1 Min，HDDPower Down = 1Min。

（4）Suspend Type（挂起类型）

此项允许选择挂起的类型。设定值有 Stop Grant（保存整个系统的状态，然后关掉电源），PwrOn Suspend（CPU 和核心系统在低电量电源模式，保持电源供给）。

（5）MODEM Use IRQ（MODEM 使用的 IRQ）

此项可以设置 MODEM 使用的 IRQ（中断）。设定值有 3、4、5、7、9、10、11、NA。

（6）Suspend Time Out（挂起时限）

如果系统没有在所设置的时间内激活，所有的设备包括 CPU 将被关闭。设定值为 Disabled、1 Min、2 Min、4 Min、8 Min、12 Min、20 Min、30 Min、40Min 和 1 Hour。

（7）Power Button Function（开机按钮功能）

此项设置了开机按钮的功能。设定值如下：

Power Off 正常的开机关机按钮；

Suspend 当按下开机按钮时，系统进入挂起或睡眠状态，当按下 4 秒或更多时间，系统关机。

（8）Wake Up On PME，USB Wakeup From S3（PME 唤醒，USB 从 S3 唤醒）

此项设置了系统侦测到指定外设或组件被激活或有信号输入，机器将从节电模式被唤醒。设定值有：Enabled，Disabled。

（9）CPU THRM-Throttling（CPU 温控）

此项允许设置 CPU 温控比率。当 CPU 温度到达了预设的高温，可以通过此项减慢 CPU 的速度。设定范围从 12.5%到 87.5%，以 12.5%递增。

（10）Resume by RTC Alarm（预设系统启动时间）

此项用来设置系统定时自动启动的时间/日期。

（11）Date（of Month）Alarm

此项可以设置 Resume by Alarm 的日期。设定值有：0～31。

（12）Time（hh:mm:ss）Alarm

此项可以设置 Resume by Alarm 的日期。格式为<时><分><秒>。

（13）POWER ON Function（开机功能）

此项控制 PS/2 鼠标或键盘的哪一部分可以开机。设定值为 Password、Hot KEY、Mouse Left、Mouse Right、Any Key、BUTTON ONLY、Keyboard98。

（14）KB Power ON Password（键盘开机密码）

如果 POWER ON Function 设定为 Password，可以在此项为 PS/2 键盘设定开机的密码。

（15）Hot Key Power ON（热键开机）

如果 POWER ON Function 设定为 Hot KEY，可以在此项为 PS/2 键盘设定开机热键，设定值 Ctrl-F1~Ctrl-F12。

（16）Power Again（再来电状态）

此项决定了开机时意外断电之后，电力供应恢复时系统电源的状态。设定值有：

Power Off 保持机器处于关机状态；

Power On 保持机器处于开机状态；

Last State 恢复到系统断电前的状态。进入挂起/睡眠模式，但若按钮被压下超过 4 秒，机器关机。

（17）Reload Global Timer Events: Primary Master/Slave IDE，Secondary Master/Slave IDE，FDC/LPT/COM Port（重载全局计时器）

全局计时器时间属于 I/O 事件，此类事件的出现可以避免系统进入节电模式或将系统从这一状态中唤醒。生效时，即某设备被设置为 Enabled 时，如果有这类事件发生，系统将发出报警，即使系统处于低电量状态。

6. PnP/PCI 配置

PnP/PCI 配置（如图 3-43 所示）描述了对 PCI 总线系统和 PnP（即插即用）的配置。PCI 即外围元器件连接，是一个允许 I/O 设备在与其特别部件通信时的运行速度可以接近 CPU 自身速度的系统。此部分将涉及一些专用技术术语，建议非专业用户不要对此部分的设置进行修改。

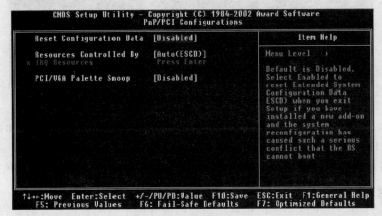

图 3-43　PnP/PCI 配置

（1）Reset Configuration Data（重置配置数据）

通常应将此项设置为 Disabled。如果安装了一个新的外接卡，系统在重新配置后产生严重的冲突，导致无法进入操作系统，此时将此项设置为 Enabled，可以在退出 Setup 后，重置 Extended System Configuration Data（ESCD，扩展系统配置数据）。设定值有 Enabled，Disabled。

（2）Resource Controlled By（资源控制）

Award 的 Plug and Play BIOS（即插即用 BIOS）可以自动配置所有的引导设备和即插即用兼容设备。但是，此功能仅在使用即插即用操作系统，例如 Windows 95/98 时才有效。如果将此项设置为 Manual（手动），可进入此项的各项子菜单（每个子菜单以" "开头），手动选择特定资源。设定值有 Auto（ESCD）、Manual。

（3）IRQ Resources（IRQ 资源）

此项仅在 Resources Controlled By 设置为 Manual 时有效。按<Enter>键，将进入子菜单。

IRQ Resources 列出了 IRQ 3/4/5/7/9/10/11/12/14/15，让用户根据使用 IRQ 的设备类型来设置每个 IRQ。设定值有：

PCI Device　为 PCI 总线结构的 Plug & Play 兼容设备；

Reserved IRQ　将给保留为以后的请求。

（4）PCI/VGA Palette Snoop（PCI/VGA 调色板配置）

当设置为 Enabled，工作于不同总线的多种 VGA 设备可在不同视频设备的不同调色板上处理来自 CPU 的数据。在 PCI 设备中命令缓存器中的第五位是 VGA 调色板侦测位（0 是禁用的）。

例如，如果计算机中有两个 VGA 设备（一个是 PCI，一个是 ISA），设定方式如下：如果系统中安装的任何 ISA 适配卡要求 VGA 调色板侦测，此项必须设置为 Enabled。

7. PC 当前状态

PC 当前状态（如图 3-44 所示）描述了监控目前的硬件状态包括 CPU，风扇，全部系统状态等。硬件监控的前提是主板上有相关的硬件监控机制。

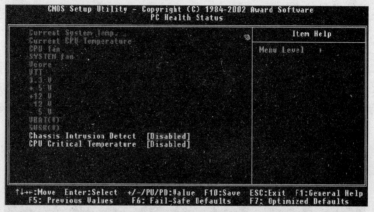

图 3-44　PC 当前状态

（1）Current System Temp、Current CPU Temperature、CPU fan、SYSTEM fan、Vcore、VTT、3.3 V、+5 V、+12 V、-12 V、-5 V、VBAT（V）、5VSB（V）

此项显示目前所有监控的硬件设备/元器件状态如 CPU 电压，温度和所有风扇速度。

（2）Chassis Intrusion Detect（机箱入侵监测）

此项是用来启用、复位或禁用机箱入侵监视功能并提示机箱曾被打开的警告信息。设置为 Enabled 时，系统将记录机箱的入侵信息。下次打开系统，将显示警告信息。将此项设为 Reset 可清除警告信息。之后，此项会自动回复到 Enabled 状态。设定值有 Enabled、Reset 和 Disabled。

（3）CPU Critical Temperature（CPU 的临界温度）

此选项用来指定 CPU 的温度临界值。如果 CPU 温度达到了这个指定值，系统就会发出一个警告并且允许防止这样的过热问题。

8. 频率和电压控制

频率和电压控制如图 3-45 所示。

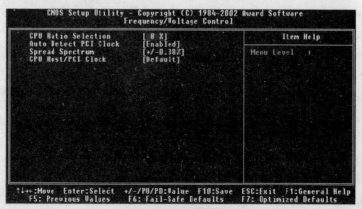

图 3-45　频率和电压控制

（1）CPU Ratio Selection（CPU 倍频选择）

用户可以在此选项中通过指定 CPU 的倍频（时钟增加器）实现超频。

（2）Auto Detect PCI Clock（自动侦测 PCI 时钟频率）

允许自动侦测安装的 PCI 插槽。当设置为 Enabled，系统将关闭 PCI 插槽的时钟，以减少电磁干扰（EMI）。设定值有：Enabled。

（3）Spread Spectrum（频展）

当主板上的时钟振荡发生器工作时，脉冲的极值（尖峰）会产生 EMI（电磁干扰）。频率范围设定功能可以降低脉冲发生器所产生的电磁干扰，所以脉冲波的尖峰会衰减为较为平滑的曲线。如果没有遇到电磁干扰问题，将此项设定为 Disabled，这样可以优化系统的性能表现和稳定性。如果被电磁干扰问题困扰，请将此项设定为 Enabled，这样可以减少电磁干扰。如果超频使用，必须将此项禁用。因为即使是很微小的峰值漂移（抖动）也会引入时钟速度的短暂突发，这样会导致超频的处理器锁死。可选项为 Enabled、+/-0.25%、-0.5%、+/-0.5%、+/-0.38%。

（4）CPU Host/PCI Clock（CPU 主频/PCI 时钟频率）

此选项指定了 CPU 的前端系统总线频率、AGP（3V 66Hz）和 PCI 总线频率的组合。它提供给用户一个处理器超频的方法。如果此项设置为 Default，CPU 主频总线、AGP 和 PCI 总线的时钟频率都将设置为默认值。

9. 载入故障安全/ 优化默认值

在主菜单的这两个选项能够允许用户把所有的 BIOS 选项恢复到故障安全值或者优化值。优化默认值是主板制造商为了优化主板性能而设置的默认值。故障安全默认值是 BIOS 厂家为了稳定系统性能而设定的默认值。

当选择 Load Fail-Safe Defaults，如图 3-46 所示，就会出现如下的信息：

图 3-46　"Load Fail-Safe Defaults" 对话框

按 "Y" 载入最稳定，系统性能最小的 BIOS 默认值。

当选择 Load Optimized Defaults，就会出现如下的信息，如图 3-47 所示：

图 3-47　"Load Optimized Defaults" 对话框

按 "Y" 载入优化系统性能的默认的工厂设定值。

10. 设定管理员/用户密码

当选择此功能，以下信息将出现，如图 3-48 所示：

Enter Password:

图 3-48 "Password"对话框

输入密码，最多八个字符，然后按<Enter>键。现在输入的密码会清除所有以前输入的 CMOS 密码。用户会再次被要求输入密码。再输入一次密码，然后按<Enter>键。可以按<Esc>键，放弃此项选择，不输入密码。

要清除密码，只要在弹出输入密码的窗口时按<Enter>键。屏幕会显示一条确认信息，是否禁用密码。一旦密码被禁用，系统重启后，可以不需要输入密码直接进入设定程序。

一旦使用密码功能，会在每次进入 BIOS 设定程序前，被要求输入密码。这样可以避免任何未经授权的人改变系统的配置信息。

此外，启用系统密码功能，还可以使 BIOS 在每次系统引导前都要求输入密码。这样可以避免任何未经授权的人使用计算机。用户可在高级 BIOS 特性设定中的 Security Option（安全选项）项设定启用此功能。如果将 Security Option 设定为 System，系统引导和进入 BIOS 设定程序前都会要求密码。如果设定为 Setup 则仅在进入 BIOS 设定程序前要求密码。

管理员密码和用户密码：

Supervisor password：能进入并修改 BIOS 设定程序；

User password：只能进入，但无权修改 BIOS 设定程序。

11. 保存 / 退出设置

（1）Save & Exit Setup（保存后退出）

保存对 CMOS 的修改，然后退出 Setup 程序。

（2）Exit Without Saving（不保存退出）

放弃对 CMOS 的修改，然后退出 Setup 程序。

AWARD BIOS 设置，虽然主板品牌不同，BIOS 设置多少有所不同；但大体设置基本相同。因此对于不同主板可以互相对应使用。

3.3　硬盘的分区

硬盘在以下情况下要进行分区。

（1）新买的硬盘，必须先分区然后进行高级格式化。

（2）更换操作系统软件或在硬盘中增加新的操作系统。

（3）改变现行的分区方式，根据自己的需要和习惯改变分区的数量或每个分区的容量。如安装 Windows 2000 和 Office 2000 同放在启动硬盘上，两者均需较大容量的硬盘空间，原空间不足时就需重新分区。

（4）因某种原因（如病毒）或误操作使硬盘分区信息被破坏时需重新分区。

（5）现在的硬盘容量比较大，若作为一个硬盘来使用，会造成硬盘空间的浪费，所有的数据都在一个盘中，给文件的管理带来了较大的麻烦。因此，需将一个大的硬盘分成几个逻辑硬盘。

可对硬盘进行分区的工具软件有 DM、ADM、PQMagic、FDISK 和用 Windows XP 安装盘分区格式化硬盘软件等等。下面介绍用 DM 软件进行分区的操作步骤。

　　下载 DM 的压缩包,解压到一个目录,接下来进入 DOS 环境。可以将解压的目录拷贝到 DOS 的启动盘中,然后用这张盘启动使用 DM。

　　启动 DM,界面如图 3-49 所示。进入 DM 的目录直接输入"dm"即可进入 DM,开始有一个说明窗口,按任意键进入主画面。DM 提供了一个自动分区的功能,完全不用人工干预全部由软件自行完成,选择主菜单中的"(E)asy Disk Installation"即可完成分区工作。虽然方便,但是这样就不能按照用户的意愿进行分区,因此一般情况下不推荐使用。

　　此时用户可以选择"(A)dvanced Options"进入二级菜单,然后选择"(A)dvanced Disk Installation"进行分区的工作,如图 3-50 所示。

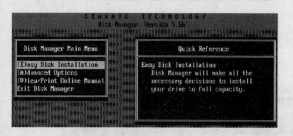
图 3-49　DM 主界面

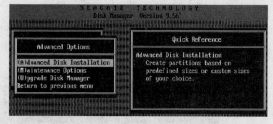
图 3-50　"(A)dvanced Options"对话框

　　接着会显示硬盘的列表,如图 3-51 所示,直接回车即可。

　　如果用户有多个硬盘,如图 3-52 所示,回车后会让用户选择需要对哪个硬盘进行分区的工作。

图 3-51　硬盘列表

图 3-52　多个硬盘列表

　　然后是分区格式的选择,一般来说我们选择 FAT32 的分区格式,如图 3-53 所示。

　　接下来是一个确认是否使用 FAT32 的窗口,如图 3-54 所示,这要说明的是 FAT32 跟 DOS 存在兼容性问题,也就是说在 DOS 下无法使用 FAT32。

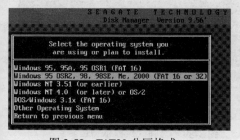
图 3-53　FAT32 分区格式

图 3-54　FAT32 确认对话框

　　这是一个进行分区大小的选择,DM 提供了一些自动的分区方式让用户选择,如果用户需要按照自己的意愿进行分区,请选择"OPTION(C)Define your own",如图 3-55 所示。

　　接着就会让用户输入分区的大小,如图 3-56 所示:

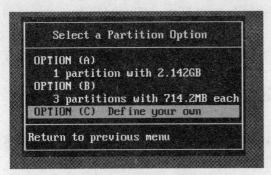

图 3-55　"自动分区方式"窗口

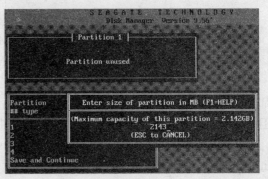

图 3-56　"输入用户分区"窗口

　　首先输入主分区的大小，然后输入其他分区的大小。这个工作是不断进行的，直到硬盘所有的容量都被划分，如图 3-57 所示。

图 3-57　"输入用户分区"窗口

　　完成分区数值的设定，会显示最后分区详细的结果。此时用户如果对分区不满意，还可以通过下面一些提示的按键进行调整。例如"DEL"键删除分区，"N"键建立新的分区，如图 3-58 所示。

　　设定完成后要选择"Save and Continue"保存设置的结果，此时会出现提示窗口，再次确认用户的设置，如果确定按"Alt+C"继续，否则按任意键回到主菜单，如图 3-59 所示。

图 3-58　"分区详细结果"窗口

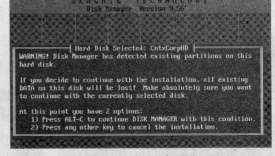

图 3-59　"确认"提示窗口

　　接下来是提示窗口，询问用户是否进行快速格式化，除非用户的硬盘有问题，建议选择"（Y）ES"，如图 3-60 所示。

　　接着还是一个询问的窗口，询问用户分区是否按照默认的簇进行，选择"（Y）ES"，如图 3-61 所示。

图 3-60　提示窗口

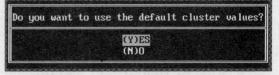

图 3-61　询问窗口

最后出现的是最终确认的窗口，选择确认即可开始分区的工作，如图 3-62 所示。

此时 DM 就开始分区和快速高级格式化工作，速度很快，一会儿就可以完成，如图 3-63 所示。

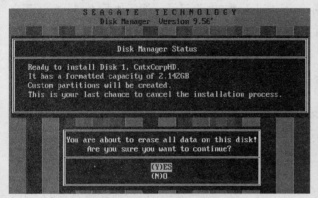

图 3-62　"最终确认"窗口

图 3-63　"分区及格式化"窗口

完成分区工作会出现一个提示窗口，按任意键继续，如图 3-64 所示。

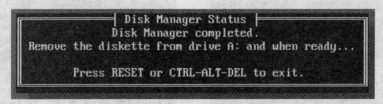

图 3-64　提示窗口

下面就会出现让用户重新启动的提示，虽然 DM 提示用户可以使用热启动的方式重新启动，但是建议用冷启动，也就是按"主机"上的"RESET"重新启动，如图 3-65 所示。

```
| Disk Manager Status |
     Disk Manager completed.
Remove the diskette from drive A: and when ready...

   Press RESET or CTRL-ALT-DEL to exit.
```

图 3-65　"重新启动"窗口

这样就完成了硬盘分区和高级格式化工作，步骤好像有点多，其实熟悉之后就不觉得繁琐。当然 DM 的功能还不仅仅如此，我们开始进入的是其基本的菜单，DM 还有高级菜单，只需要在主窗口中按"Alt+M"进入其高级菜单。会发现里面还有许多高级功能。

3.4　Windows XP 的安装

3.4.1　安装 Windows XP 的方法

Windows XP 是基于 NT 内核的操作系统，大致分为文字安装和 Windows XP 安装部分。下面是具体的安装方法。

1. 全新安装

利用系统软盘启动计算机，在 DOS 提示符下，进入"i386"目录，然后执行"winnt.exe"文件即可进行安装。但是在应用这种方法进行安装时请先加载 Smartdrv.exe，以加快安装的速度。

2. 升级安装

升级安装一般是指在 Windows 9x/2000 的计算机上安装 Windows XP。

将 Windows XP 安装光盘置入光驱，安装程序即会自动运行，如果没有自动运行，请双击光盘根目录的 Setup.exe 开始安装。

3. 具体安装步骤

中文 Windows XP 的安装过程使用高度自动化的安装程序向导，用户不需要做太多的工作，就可以完成整个安装工作，其安装过程大概可分为收集信息、动态更新、准备安装、安装 Windows XP 和完成安装五个步骤。

（1）当用户在开机启动微型机时，要在键盘上按 Delete 键，这时会进入 BIOS 设置界面，用户需要将第一启动顺序改为从光盘驱动器启动，然后保存退出，将光盘放入光盘驱动器中，这时将从 DOS 状态启动，运行光盘的安装软件进行安装。

（2）Windows XP 的安装程序引导系统并自动运行安装程序。安装程序运行后会出现如图 3-66 所示的界面，按 Enter 键开始安装。

（3）接下来会出现 Windows XP 的许可协议，按 F8 键同意，即可进行下一步操作，如果不同意，则按 Esc 键退出，如图 3-67 所示。

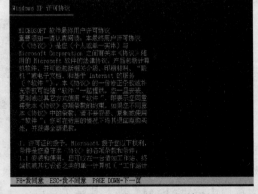

图 3-66　Windows XP 安装界面　　　　　　　　图 3-67　许可协议对话框

（4）选择安装的分区，接下来的界面会显示硬盘中的现有分区或尚没有划分的空间，在这里要用上下光标键选择 Windows XP 将要使用的分区，选定后按回车键即可，如图 3-68 所示。

选定或创建好分区后，还需要对磁盘进行格式化。可使用 FAT32 或 NTFS 文件系统对磁盘进行格式化、建议使用 NTFS 文件系统如图 3-69 所示。

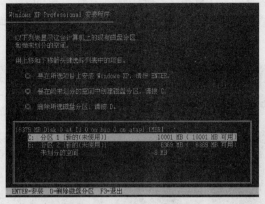 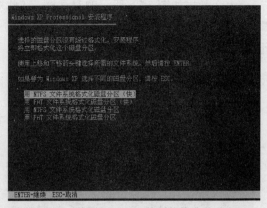

图 3-68　选择安装的分区　　　　　　　　图 3-69　使用 NTFS 文件系统格式化分区

（5）格式化完成后，安装程序即开始从光盘中向硬盘复制安装文件，如图 3-70 所示。

（6）当复制完所需要的安装文件后，会自动重新启动计算机，开始安装 Windows XP 阶段，出现图形画面，如图 3-71 所示。左边显示安装的第几个步骤和安装所剩余的时间。

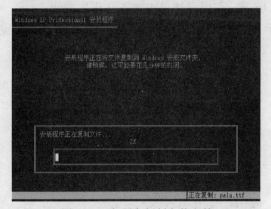 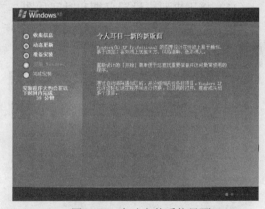

图 3-70　向硬盘复制安装文件　　　　　　　图 3-71　自动安装系统界面

（7）安装软件出现区域和语言选项对话框如图 3-72 所示，直接单击"下一步"按钮。

（8）安装软件出现如图 3-73 所示的对话框，输入姓名和单位名称后单击"下一步"按钮。

图 3-72　安装软件出现区域和语言选项　　　　图 3-73　要求输入姓名和单位名称

（9）然后会出现一个产品密钥的界面，这个密钥一般附带在光盘上或说明书中，填入密钥，然后单击"下一步"按钮，如图 3-74 所示。

（10）弹出如图 3-75 所示的对话框。在此对话框的"计算机名"框中输入本计算机的名字，在下面两个密码输入框中输入两次一样的密码。装好系统后，再次进入系统时，必须输入正确的密码才能进入。

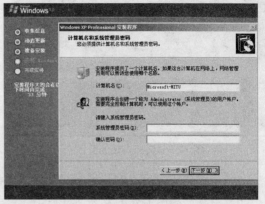

图 3-74　产品密钥的界面　　　　　　　　图 3-75　输入计算机名和密码对话框

（11）接下来要求设置日期和时间如图 3-76 所示，可以直接单击"下一步"按钮。

（12）接着对网络进行设置（如图 3-77 所示），如果计算机不在局域网中，使用默认的设置单击"下一步"按钮就可以了。

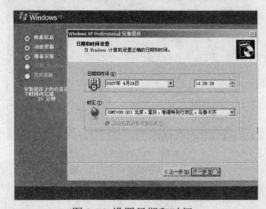
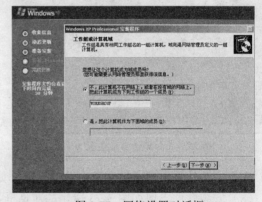

图 3-76　设置日期和时间　　　　　　　　图 3-77　网络设置对话框

如果是局域网中的用户，要在网络管理员的指导下安装，安装完成后系统会自动重新启动。

第一次运行 Windows XP 时还会要求设置 Internet 和用户，并进行软件激活。

（13）接着安装软件将安装菜单项、注册组件等，如图 3-78 所示。

Windows XP 安装整个过程是全自动的，由于安装方式不同，整个安装过程进行步骤也是不同的，用户可根据实际情况具体对待，只要按安装程序向导的提示进行即可成功安装中文版 Windows XP。安装成功界面如图 3-79 所示。

图 3-78　安装软件自动安装菜单项

图 3-79　安装成功界面

4．Windows 2000 与 Windows XP 共存问题

Windows 2000/XP 都支持 FAT、FAT32 和 NTFS 文件系统，所以建立 Windows 2000 与 Windows XP 共存系统相对来说要简单一些。

（1）在 Windows 2000 基础上安装 Windows XP。在 Windows 2000 基础上安装 Windows XP 的方法和常规安装 Windows 2000 和 Windows XP 方法相同，具体步骤如下。

第 1 步，用常规的方法将 Windows 2000 安装到 C 盘。

第 2 步，用常规的方法将 Windows XP 安装到 D 盘。

这里要注意的是，在安装过程中要将这两个操作系统安装到不同的分区，是把 Windows 2000 安装在 C 盘，还是把 Windows XP 安装在 C 盘，并没有严格的限制。

（2）在 Windows XP 基础上安装 Windows 2000。如果先安装 Windows XP 再安装 Windows 2000，Windows XP 的启动文件就会被 Windows 2000　的 Ntldr 和 Ntdetect.com 替换，导致安装完成后只能启动 Windows 2000，而不能启动 Windows XP。可以通过以下的方法来解决这个问题。

第 1 步，在安装 Windows 2000 之前启动 Windows XP，进入 C 盘根目录找到 Ntldr 和 Ntdetect.com 文件，该两个文件是隐含文件，必须选中"文件夹选项"对话框中的"显示所有文件和文件夹"一项。

第 2 步，将 Ntldr 和 Ntdetect.com 两个文件备份到某个目录下（如 C:\BAK 目录）。

第 3 步，安装完成 Windows 2000 后，再用这两个备份文件替换 C 盘根目录相应的两个文件即可。

还可以用另一种方法：双系统安装完成后首先启动到 Windows 2000，然后将 Windows XP 安装光盘放入光驱，定位到光盘的 i386 目录，找到 Ntldr 和 Ntdetcet.com 文件，把它们拷贝到 C 盘根目录即可。

3.4.2　常用驱动程序的安装

常用驱动程序的安装对用户安装新的硬件或系统的恢复都非常重要，在此主要介绍声卡、显卡、打印机驱动程序的安装。

1．声卡驱动程序的安装

内置在主板上的声卡，驱动程序安装过程都很简单，用户在安装 Windows 系统或系统启动时，系统会自动检测到相应的声卡并安装相应的驱动程序，此时在系统启动后，在任务栏的右边会看到喇叭图标，并且喇叭发声。但如果系统启动后，在任务栏的右边没有喇叭图标，或者有喇叭图标但喇叭不发声，或者用户使用的是外置声卡，则用户需要用相应的声卡驱动程序进行重新安装，其安装过程如下：

（1）进入"控制面板"，打开"系统"中的"设备管理" 如图 3-80 所示，将自动安装的"声音、视频和游戏控制器"中的声卡驱动程序删除。

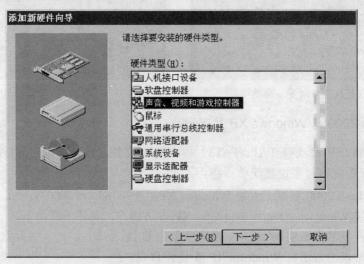

图 3-80 选择安装的硬件类型

（2）进入"控制面板"，打开"添加新硬件"，根据添加新硬件的操作步骤进行到图 3-80 所示后，在列表中选择"声音、视频和游戏控制器"， 然后单击"下一步"按钮；在图 3-81 中单击"从软盘安装"按钮，此时可插入相应的驱动软盘到软驱或插入相应的驱动光盘到光驱中，然后输入相应的路径（或通过"浏览"按钮进行查找），单击"确定"按钮，即可安装相应的声卡驱动程序。

2. 显卡驱动程序的安装

对于安装在主板上的内置显卡，用户在安装 Windows 系统或系统启动时，系统会自动检测到相应的显卡并安装相应的驱动程序。此时在系统启动后，在桌面空白处单击鼠标右键，再单击"属性"，选择"设置"标签屏幕会出现对话框，用户可在"颜色"中调节屏幕的显示颜色。此时屏幕颜色应至少有 256 色、16 位增强色以上，但如果能调节的颜色只有单色和 16 色两种，则说明显卡驱动程序未安装或安装的显卡驱动程序不对，或者用户使用的是外置显卡，则用户需要重新安装相应的显卡驱动程序，其安装过程如下。

（1）进入"控制面板"，打开"系统"中的"设备管理" 如图 3-82 所示，将"显示适配器"中的显卡驱动程序删除。

（2）进入"控制面板"，打开"添加新硬件"，根据添加新硬件的操作步骤进行到如图 3-80 所示后，在列表中选择"显示适配器"， 然后单击"下一步"按钮；在图 3-81 中单击"从软盘安装"按钮，此时可插入相应的驱动软盘到软驱或插入相应的驱动光盘到光驱中，然后输入相应的路径（或通过"浏览"按钮进行查找），单击"确定"按钮，即可安装相应的显卡驱动程序。

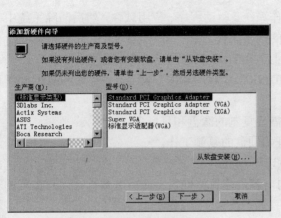

图 3-81　选择厂商的型号

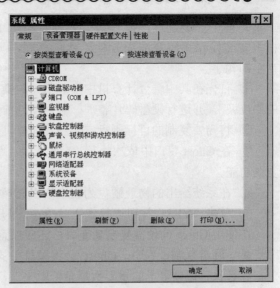

图 3-82　系统属性设备管理对话框

3. 打印机驱动程序的安装

在用户将打印机硬件连接好后，打开打印机电源，启动系统，然后单击开始菜单中的设置的打印机，打开弹出来的窗口中的"添加打印机"图标，单击"下一步"按钮，在出现如图 3-83 所示的屏幕后，根据打印机的连接形式，选择"本地打印机"或者"网络打印机"。单击"下一步"按钮，在屏幕出现其"生产商"中选择打印机的生产厂商，在其相应的"打印机"中选择相应的打印机型号（一般的打印机都可以找到），然后将Windows 系统光盘放入光驱中。单击"下一步"按钮，根据打印机的连接情况设置好打印机所使用的端口（一般为 LPT1 端口）。单击"下一步"按钮，输入打印机名称或使用系统的默认名称。单击"下一步"按钮，在

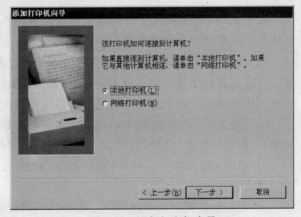

图 3-83　添加打印机向导

选择是否要打印测试页时，建议用户选择"是—建议打印"（这样可检测打印机的硬件连接是否有问题），并将系统光盘插入光驱中。单击"完成"按钮，系统将自动从系统光盘上安装相应的打印机驱动程序，显示相应的打印机图标。另外，用户也可以通过"控制面板"中的"打印机"图标和"添加新硬件"完成打印机的安装，方法与上述类似。

3.5　克隆软件的使用

1. 硬盘管理

（1）硬盘复制。当在多台计算机安装相同的操作系统和应用软件时，需在每台计算机

上重复整个安装过程，操作极为繁琐！利用 Ghost 的全盘复制功能，只需在其中一台计算机上安装操作系统及应用软件，然后再利用 Ghost 将该计算机硬盘中的内容复制到其他硬盘上即可。

① 首先在其中一台计算机中安装所需的操作系统、驱动程序、应用软件，然后清除系统中的"垃圾"，并进行硬盘碎片整理，做好复制前的准备工作。

② 将需要复制的目标硬盘安装到该计算机上，在 DOS 状态下启动 Ghost。

③ 在 Ghost 窗口中依次执行"LOCAL"、"DISK"、"TO DISK"命令，激活 Ghost 的硬盘复制功能。

④ 在系统给出的物理硬盘列表中依次选择需要复制的源盘和目标盘。

⑤ 单击"YES"按钮进行确认，Ghost 即开始硬盘的复制工作。

在使用 Ghost 的硬盘复制功能时，还应注意以下几点：

● 硬盘复制过程中，Ghost 会将源盘中的内容覆盖目标硬盘上的所有数据，用户在复制之前务必将目标硬盘上的重要数据备份下来。

● 用 Ghost 对硬盘进行复制时，尽量使用容量完全相同的硬盘。当使用不同容量的两个硬盘时，只能将小硬盘中的数据复制到大硬盘之上。

● 由于 Ghost 在复制硬盘时完全按照簇进行，它会将硬盘上的"垃圾"及文件碎片也复制到目标盘中，因此在复制之前最好先对源盘进行清理，并对硬盘碎片进行整理，然后再进行复制。

● Ghost 在复制硬盘的时候会将源盘中的坏道复制到目标盘中，因此用户在对那些包括有坏道的源盘进行复制时务必小心。

（2）硬盘备份。Ghost 在对硬盘进行备份时，将按照簇方式将硬盘上的所有内容全部备份下来，并采用映像文件的形式保存到另外一个硬盘上，在需要的时候就能利用这个映像文件进行恢复，从而真正达到了对整个硬盘进行备份的目的。

用户要使用 Ghost 将整个硬盘上的内容全部备份到另外一个硬盘上（注意：是备份而不是复制），你必须拥有一块闲置硬盘，并将其安装到计算机中，然后执行如下步骤：

① 启动 Ghost 在窗口中依次执行"LOCAL"、"DISK"、"TO IMAGE"命令，激活 Ghost 的硬盘映像功能。

② 在源盘选择界面中选择需要备份的原始硬盘；选择目标硬盘，用户还应分别对目标硬盘、分区、路径及映像文件的文件名等选项进行设置。

③ 单击"YES"按钮，Ghost 即会将源盘上的所有内容全部采用映像文件的形式备份到目标硬盘上，从而达到了对硬盘进行备份的目的。

（3）硬盘恢复。按照前面的方法对硬盘进行备份之后，如果需要恢复则应执行如下步骤：

① 启动 Ghost 后，在窗口中依次执行"LOCAL"、"DISK"、"FROM IMAGE"命令，激活 Ghost 的映像文件还原功能。

② 利用"映像文件选择"窗口选择需要还原的映像文件；在弹出的目标硬盘中选择需要还原的目标硬盘。

③ 单击"OK"按钮，Ghost 即会将保存在映像文件中的数据还原到硬盘上，恢复后的目标硬盘与备份时的状态（包括分区、文件系统、用户数据等）是完全一致的。

在使用 Ghost 的硬盘备份/恢复功能时，应注意以下几点：

● 使用 Ghost 恢复之后，目标硬盘上原有的数据将全部丢失，因此在恢复之前一定要将硬盘上的有用数据备份下来。

● 对于 Ghost 生成的硬盘映像文件，除了将其保存到闲置硬盘上之外，还能利用刻录光盘、压缩软件等存储媒体加以保存，降低保存成本并提高保存效率。

2. 分区管理

除了以硬盘为单位进行复制、备份、恢复之外，Ghost 还允许以硬盘分区为单位，对某个硬盘分区进行复制、备份和恢复，这在某些情况下更能满足用户的需要。

（1）复制分区。如今硬盘的容量都非常大，在使用的时候都会对硬盘进行分区，而操作系统及相关应用软件仅仅只占据其中的一个硬盘分区（一般是 C 盘），没有必要为了这一个分区中的内容而将整个硬盘全部复制一遍（尽管 Ghost 的复制速度非常快），单独复制特定硬盘分区的效果无疑会更好。

正是基于这一原因，Ghost 特意提供了复制硬盘分区的功能，它将某个硬盘分区视为一个操作单位，将该硬盘分区复制到同一个硬盘的另外一个分区或另外一个硬盘的某个分区中，这就进一步地满足了用户的需要。

要使用 Ghost 对硬盘分区进行复制，应执行如下步骤：

① 启动 Ghost，在窗口中依次执行 "LOCAL"、"PARTITION"、"TO PARTITION" 命令，启动 Ghost 的分区复制功能，并选择复制的原始盘，如图 3-84 和图 3-85 所示。

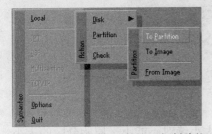 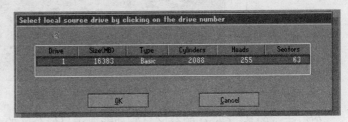

图 3-84　启动 Ghost 的分区复制功能　　　　图 3-85　选择复制的原始盘

② 在 Ghost 的分区列表中选择需要复制的原始分区，如图 3-86 所示。

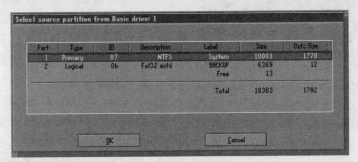

图 3-86　选择复制的原始分区

③ 在 Ghost 的指导下选择需要复制的目标盘和目标分区，如图 3-87 和图 3-88 所示。

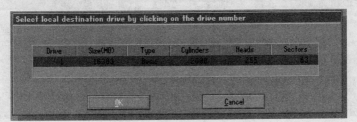

图 3-87　选择复制的目标盘

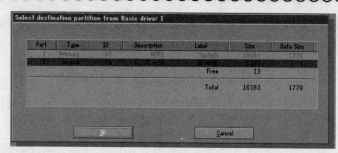

图 3-88　选择复制的目标分区

④ 单击"YES"按钮加以确认，如图 3-89 所示，Ghost 即会将原始分区中的内容复制到目标分区中。

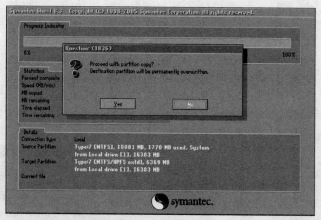

图 3-89　开始复制

值得注意的是，Ghost 的分区复制功能要求目标分区的大小绝对不能小于原始分区的大小，否则目标硬盘上的后续分区将被全部删除。

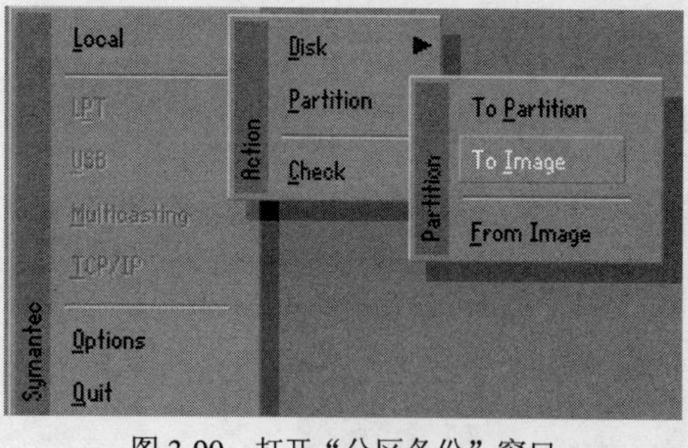

（2）分区备份。与分区复制功能一样，Ghost 也提供了分区备份功能。利用这一功能，将安装有操作系统（或重要数据文件）的硬盘分区采用映像文件的形式备份下来，然后在需要时恢复。分区备份的具体步骤为：

① 启动 Ghost，在窗口中依次执行"LOCAL"、"PARTITION"、"TO IMAGE"命令，打开分区备份窗口，如图 3-90 所示。

② 在 Ghost 的"分区备份"选择窗口中依次选择需要备份的硬盘及分区如图 3-91 和图 3-92 所示。

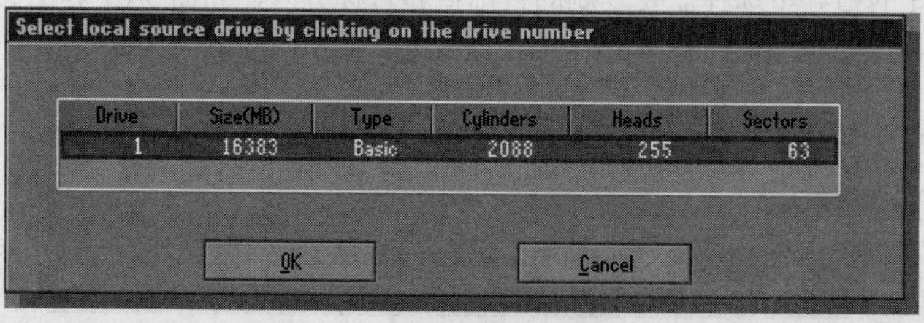

图 3-90　打开"分区备份"窗口

图 3-91　选择备份的硬盘

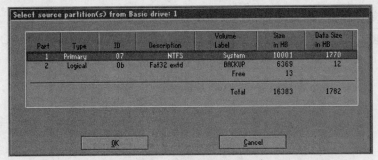

图 3-92 选择备份的分区

③ 系统将打开一个备份文件保存对话框，用户利用该对话框设置分区映像文件的保存路径及文件名，如图 3-93 所示。

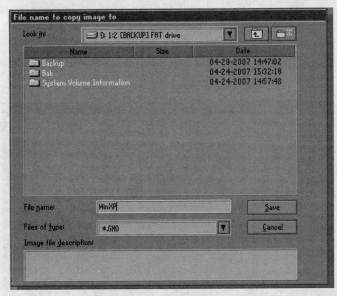

图 3-93 选择存储的路径和文件名

④ 此时 Ghost 会询问用户是否对备份的映像文件进行压缩，在出现的提示框中："NO"表示备份的时候不进行压缩处理，它占用的磁盘空间最大，但速度也最快；"FAST"表示快速压缩，其压缩速度比较快，压缩效果相对来说要差一些；而"HIGH"则是最大压缩率，映像文件的容量最小，但压缩速度也最慢。用户可根据自己的实际需要加以选择（一般选择 FAST 比较合适）。

⑤ 单击"YES"按钮进行确认，如图 3-94 所示，Ghost 即会按照要求将指定分区中的数据采用映像文件的形式备份下来。

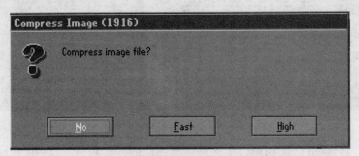

图 3-94 开始备份

（3）分区恢复。利用 Ghost 对备份的映像文件进行恢复的步骤如下。

① 启动 Ghost 后，在 Ghost 中依次执行"LOCAL"、"PARTITION"、"FROM IMAGE"命令，激活 Ghost 的分区还原功能，如图 3-95 所示。

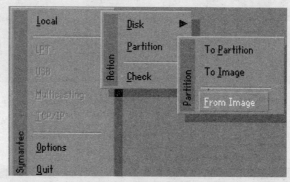

图 3-95　分区还原功能

② 在分区还原窗口中选择事先备份好的分区映像文件和备份的分区，如图 3-96 和图 3-97 所示。

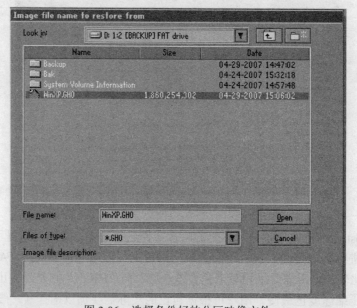

图 3-96　选择备份好的分区映像文件

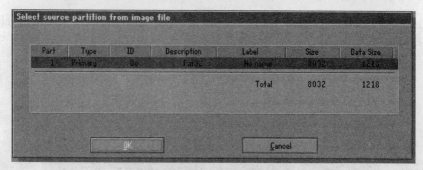

图 3-97　选择备份的分区

③ 在 Ghost 的目标分区选择窗口中选择需要还原的硬盘和分区，如图 3-98 和图 3-99 所示。

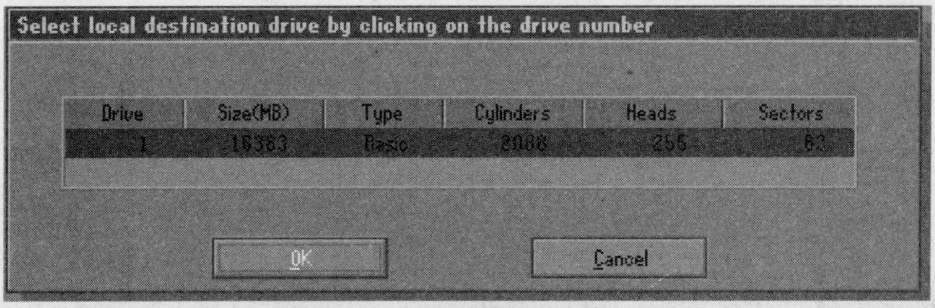

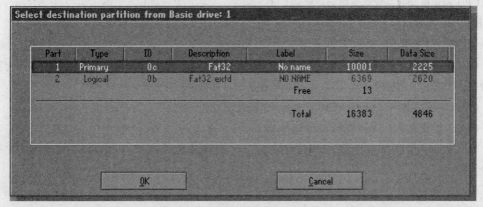

图 3-98　选择需要还原的硬盘

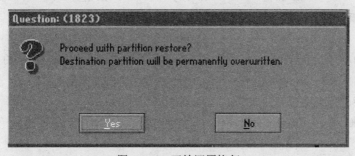

图 3-99　选择需要还原的分区

④　单击"YES"按钮进行确认，Ghost 即会将映像文件中的数据恢复到用户指定的硬盘分区中，如图 3-100 所示。

图 3-100　开始还原恢复

在使用 Ghost 的分区备份/还原操作时，目标硬盘分区中的数据同样会全部丢失，因此在还原之前也应将相应硬盘分区中的有用数据备份下来。

3. 硬盘检查

除了前面介绍的硬盘及分区的复制、备份、恢复等功能之外，Ghost 还提供了硬盘的检查功能，它能检查用户的硬盘及映像文件的状态是否良好，以保证复制、备份/还原工作的顺利进行。

本章主要学习内容

● 微型机各种部件的选购方法和安装要领
● 常见的 AWARD CMOS 的设置过程
● 硬盘的分区方法、Windows XP 的安装和常用驱动程序的安装

- 克隆软件的使用

练习三

1. 填空题

（1）CPU 的定位脚的位置非常明显，就是 CPU（　　　）的位置或者有一个小（　　　）的位置。

（2）硬盘的数据线蓝色的插头（标有 SYSTEM）接（　　　）、黑色的插头（标有 MASTER）接 IDE（　　　）设备、灰色的插头（标有 SLAVE）接 IDE（　　　）设备。

（3）CMOS 是计算机主板上的一块（可读写的 RAM）芯片，用来保存当前系统的硬件配置和用户对某些参数的设定。CMOS 由主板的（　　　）供电，即使关机，信息也不会丢失。

（4）CMOS 设置菜单中 Standard CMOS Features 称为（　　　）。

（5）CMOS 设置菜单中 Load Optimized Defaults 称为（　　　）。

（6）中文 Windows XP 的安装过程大概可分为（　　　）、动态更新、（　　　）、安装 Windows XP 和完成安装五个步骤。

（7）CMOS 设置菜单中 Load Fail-Safe Defaults 称为（　　　）。

2. 选择题

（1）安装光驱时扁平电缆线的红线端与插座的（　　　）脚相对应。

    A. 电源　　　　　　B. 40 号　　　　　　C. 1 号　　　　　　D. 地

（2）硬盘数据线采用的是（　　　）芯的数据电缆。

    A. 60　　　　　　　B. 42　　　　　　　C. 40　　　　　　　D. 80

（3）在 Ghost 窗口中依次执行 "LOCAL"、"DISK"、"TO DISK" 命令，激活 Ghost 的（　　　）功能。

    A. 光盘复制　　　　B. 硬盘复制　　　　C. 分区复制　　　　D. 软盘复制

（4）在使用 Ghost 的分区备份/还原操作时，目标硬盘分区中的数据会（　　　）。

    A. 保存下来　　　　B. 部分丢失　　　　C. 清除干净　　　　D. 全部丢失

3. 简答题

（1）选购 CPU 时，主要考虑的因素？

（2）最小系统的含义是什么？

（3）计算机各部件安装完成后，先检查哪几方面安装是否正确？

（4）在什么情况下硬盘要进行分区？

（5）Ghost 中的硬盘备份含义？

实践一：微型机各种部件选购和安装以及 BIOS 设置方法

1. 实践目的

（1）了解微型机各种部件的选购要领。

（2）掌握各种部件的安装方法。

（3）了解 BIOS 设置方法。

2. 实践内容

（1）到电脑市场选购各种微型机部件。

（2）安装一台微型机的基本部件。

（3）了解 BIOS 的主菜单含义、基本参数优化的设置方法。

实践二：硬盘分区软件使用、Windows 操作
系统安装和克隆软件的使用

1. 实践目的

（1）掌握一种分区软件使用方法。

（2）掌握一种 Windows 操作系统的安装方法。

（3）了解克隆软件的使用方法。

2. 实践内容

（1）掌握 DM 分区软件的操作过程。

（2）掌握 Windows 2000 或 Windows XP 安装方法。

（3）掌握克隆软件分区备份和分区恢复操作方法。

第4章 主要外部设备

4.1 扫描仪

一般根据其操作方式和用途的不同，目前市面上的扫描仪大体上分为平板式扫描仪、名片扫描仪、底片扫描仪、馈纸式扫描仪、文件扫描仪。除此之外，还有手持式扫描仪、鼓式扫描仪、笔式扫描仪、实物扫描仪和3D扫描仪等。

平板式扫描仪又称台式扫描仪，如图4-1所示。

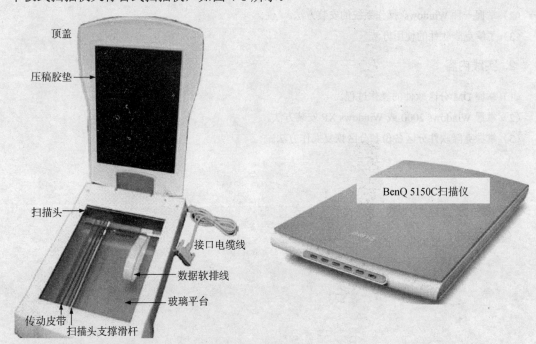

顶盖

压稿胶垫

扫描头

接口电缆线

数据软排线

玻璃平台

传动皮带

扫描头支撑滑杆

BenQ 5150C扫描仪

图4-1　板式扫描仪

4.1.1 扫描仪的基本工作原理和技术指标

1. 扫描仪的基本工作原理

扫描仪主要由光学部分、机械传动部分和转换电路三部分组成。扫描仪的核心部分是完成光电转换的光电转换部件。目前大多数扫描仪采用的光电转换部件是感光器件（包括CCD、CIS和CMOS）。冷阴极荧光灯具有体积小、亮度高、寿命长的特点，但工作前需要预热。该类光源已经广泛应用于平板式扫描仪中。

扫描仪工作时，首先由光源将光线照在欲输入的图稿上，产生表示图像特征的反射光（反射稿）或透射光（透射稿）。光学系统采集这些光线，将其聚焦在感光器件上，由感光器件将光信号转换为电信号，然后由电路部分对这些信号进行 A/D（Analog/Digital）转换及处理，产生相应的数字信号输送给计算机（如图 4-2 所示）。当机械传动机构在控制电路的控制下带动装有光学系统和 CCD 的扫描头与图稿进行相对运动，将图稿全部扫描一遍，一幅完整的图像就输入到计算机中去了。

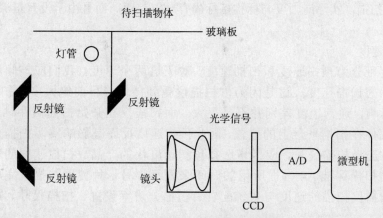

图 4-2　平板扫描仪的结构原理图

在整个扫描仪获取图像的过程中，有两个元件起到关键作用：一个是光电器件，它将光信号转换成电信号；另一个是 A/D 变换器，它将模拟电信号变为数字电信号。这两个元件的性能直接影响扫描仪的整体性能指标，同时也关系到选购和使用扫描仪时如何正确理解和处理某些参数及设置。

2. 扫描仪的主要技术指标

影响扫描仪的性能的指标主要有以下几方面。

（1）分辨率

扫描仪的分辨率通常指每英寸上的点数，即 dpi。市场上主流的扫描仪其光学分辨率通常有 1200×2400dpi、2400×2400dpi、2400×4800dpi、3200×6400dpi。除了光学分辨率之外，扫描仪的包装箱上通常还会标注一个最大分辨率，如光学分辨率为 600×1200dpi 的最大分辨率为 9600dpi，这实际上是通过软件在真实的像素点之间插入经过计算得出的额外像素，从而获得插值分辨率。插值分辨率对于图像精度的提高并无实质上的好处，事实上只要有软件支持而主机又足够快的话，这种分辨率完全可以做到无限大。

（2）色深和灰度

色深是指扫描仪对图像进行采样的数据位数，也就是扫描仪所能辨析的色彩范围。较高的色深位数可以保证扫描仪反映的图像色彩与实物的真实色彩尽可能一致，同时使图像色彩更加丰富。扫描仪的色彩深度值一般有 36bit、42bit 和 48bit 等几种，一般光学分辨率为 2400×2400dpi 的色彩深度值为 48bit 等。而灰度值是指进行灰度扫描时对图像由纯黑到纯白整个色彩区域进行划分的级数，编辑图像时一般都要用到 16bit，而主流扫描仪通常为 16bit。

（3）感光器

扫描仪采用何种感光元件对扫描仪的性能影响也很大，目前，扫描仪的核心部分是完成光电转换的部件——扫描元件（也称为感光器件）。目前市场上扫描仪所使用的感光器件有四种：电荷耦合元件 CCD（硅氧化物隔离 CCD 和半导体隔体 CCD）、接触式感光器件 CIS、光电倍增管 PMT 和互补金属氧化物导体 CMOS。

光电倍增管实际上是一种电子管，一般只用在昂贵的专业滚筒式扫描仪上；目前，CCD 已成为应用最广泛的感光元件；CIS 技术最大的优势在于生产成本低，仅有 CCD 的 1/3 左右，所以在一些低端扫描仪产品中得到广泛的应用。不过，如果从性能考虑，CIS 由于不能使用镜头，只能贴近稿件扫描，实际清晰度与标称指标尚有一定差距。而且由于没有景深，无法对立体物体扫描。

（4）扫描速度

扫描速度可分为预扫速度和扫描速度。对于这两个速度，我们应该倾向于注重预扫速度而不是实际的扫描速度。这是因为，扫描仪受到接口（目前绝大多数扫描仪为 USB 接口）带宽的影响，通常速度差别并不是很大。而扫描仪在开始扫描稿件时，必须通过预扫的步骤确定稿件在扫描平台上的位置，因此预扫速度反而是影响实际扫描效率的一个主要指标。因此在选择扫描仪时，应尽量选择预扫速度快的产品。扫描速度的表示方式一般有两种：一种用扫描标准 A4 幅面所用的时间来表示，另一种使用扫描仪完成一行扫描的时间来表示。扫描仪扫描的速度与系统配置、扫描分辨率设置、扫描尺寸、放大倍率等有密切关系。

（5）接口

扫描仪的常见接口包括 SCSI、IEEE 1394 和 USB 接口，目前的家用扫描仪以 USB 接口居多。USB2.0 接口是最常见的接口，易于安装，支持热插拔。

SCSI 接口的扫描仪安装时需要 SCSI 卡的支持，成本较高。

采用 IEEE1394 接口的扫描仪的价格比使用 USB 接口扫描仪高许多。IEEE1394 也支持外设热插拔，可为外设提供电源，省去了外设自带的电源，能连接多个不同设备，支持同步数据传输。

（6）扫描幅面

扫描幅面即为可扫描的纸张的大小，台式扫描仪主要有 A4 和 A3。一般的扫描仪的扫描幅面为 A4 规格。

4.1.2　扫描仪的安装和使用

1. 扫描仪的安装

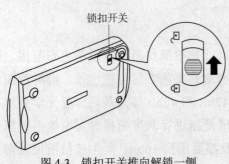

图 4-3　锁扣开关推向解锁一侧

（1）打开扫描单元的锁扣

在连接扫描仪和计算机之前要打开扫描单元的锁扣。如果保持在锁定状态，扫描仪可能会发生故障。打开扫描单元的锁扣的具体步骤：

① 撕下扫描仪上的封条。

② 轻轻地将扫描仪翻过来。

③ 将锁扣开关推向解锁标志一侧如图 4-3 所示。

④ 重新将扫描仪水平放置。

（2）连接扫描仪

如果是 SCSI 接口的扫描仪，需要将计算机电源关掉，打开计算机机箱，将接口卡插好，然后盖好机箱，将数据线一端接于扫描仪接口，另一端接于计算机 SCSI 卡接口；如果是 USB 接口，连接扫描仪按以下顺序进行。

① 撕下扫描仪上的警告封条。

② 用随机提供的 USB 接口电缆将扫描仪连接到计算机中（如图 4-4 所示）。

③ 将随机提供的交流适配器连接到扫描仪上（如图 4-5 所示）。

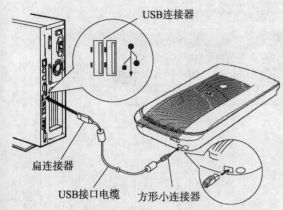 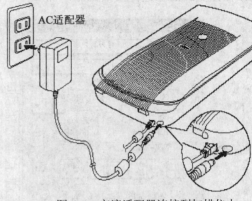

图 4-4　USB 接口电缆将扫描仪连接到计算机中　　　　　　图 4-5　交流适配器连接到扫描仪上

本扫描仪无电源开关。插入 AC 适配器，扫描仪的电源即接通。

（3）安装驱动程序

接通扫描仪的电源，启动计算机，将扫描仪的驱动程序安装盘放入驱动器中，按说明书和屏幕提示完成安装即可。

2. 扫描仪的使用

扫描仪可以扫描照片、印刷品，以及一些实物。扫描时通常要使用 Photoshop 或扫描仪自带的图像编辑软件。下面以 Photoshop 为例，简单介绍扫描仪扫描图像的步骤。

安装好扫描仪后，打开扫描仪的电源，打开 Photoshop，进入"文件"菜单，如图 4-6 所示。

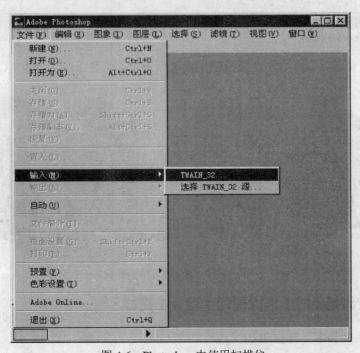

图 4-6　Photoshop 中使用扫描仪

选择"输入"菜单中的"TWAIN_32"，即可打开扫描操作的画面，如图 4-7 所示。该画面有两个窗口，在左边的窗口中，可以对扫描的类型、分辨率、和输出图像尺寸等内容进行设置。在右边的窗口中，有"预览"和"扫描"两个文字按钮，扫描前，先单击"预览"按钮，进行预览，在预览画面上选择扫描范围，然后再进行扫描，如图 4-7 所示。

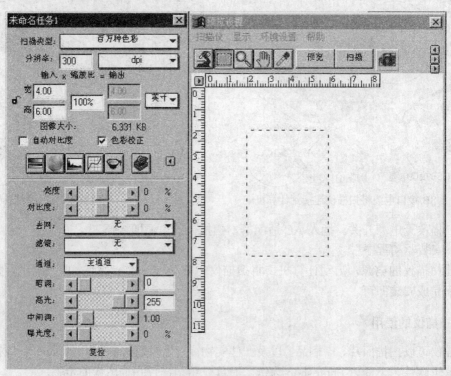

图 4-7　扫描仪操作画面

4.2　数码相机

数码相机（如图 4-8 所示）主要根据像素进行分类，有普及型、专业型、高级型三种。

图 4-8　数码相机外观

4.2.1　数码相机的工作原理和主要技术指标

1. 数码相机的基本工作原理

数码相机用 CCD（电荷耦合元件）光敏器件替代胶卷感光成像，其原理是利用 CCD

元件的光电转化效应。CCD 元件根据镜头成像之后投射到其上的光线的光强（亮度）与频率（色彩），将光信号转化为电信号，记录到数码相机的内存中，形成计算机可以处理的数字图像信号，因此有人又将这种元件称为"电子胶卷"。数码相机中内存记录的图像信息直接下载到计算机中进行显示或加工。对于光学成像部分的原理和装置与传统相机基本相同。

2. 数码相机的主要技术指标

（1）有效像素数

有效像素数英文名称为 Effective Pixels。与最大像素不同，有效像素数是指真正参与感光成像的像素值。最高像素的数值是感光器件的真实像素，这个数据通常包含了感光器件的非成像部分，而有效像素是在镜头变焦倍率下所换算出来的值。以美能达 DiMAGE7 为例，其 CCD 像素为 524 万（5.24Megapixel），因为 CCD 有一部分并不参与成像，有效像素只有 490 万。

数码图片的储存方式一般以像素（Pixel）为单位，每个像素是数码图片里面积最小的单位。像素越大，图片的面积越大。要增加一个图片的面积大小，如果没有更多的光进入感光器件，惟一的办法就是把像素的面积增大，这样一来，可能会影响图片的锐力度和清晰度。所以，在像素面积不变的情况下，数码相机能获得最大的图片像素，即为有效像素。

（2）变焦

变焦分为光学变焦和数码变焦。

光学变焦英文名称为 Optical Zoom，数码相机依靠光学镜头结构来实现变焦。数码相机的光学变焦方式与传统 35mm 相机差不多，就是通过镜片移动来放大与缩小需要拍摄的景物，光学变焦倍数越大，能拍摄的景物就越远。如今的数码相机的光学变焦倍数大多在 2～5 倍之间，即可把 10m 以外的物体拉近至 5～3m 近；也有一些数码相机拥有 10 倍的光学变焦效果。

数码变焦是通过数码相机内的处理器，把图片内的每个像素面积增大，从而达到放大目的。这种手法如同用图像处理软件把图片的面积放大，不过程序在数码相机内进行，把原来 CCD 影像感应器上的一部份像素使用"插值"处理手段放大，将 CCD 影像感应器上的像素用插值算法将画面放大到整个画面。目前数码相机的数码变焦一般在 6 倍左右。

（3）色彩深度

这一指标描述数码相机对色彩的分辨能力，它取决于"电子胶卷"的光电转换精度。目前几乎所有的数码相机的颜色深度都达到了 24 位，可以生成真彩色的图像。某些高档数码相机甚至达到了 36 位。

（4）存储能力

数码相机内存的存储能力以及是否具有扩充功能，成为数码相机重要指标，它决定了在未下载信息之前相机可拍摄照片的数目。当然同样的存储容量，所能拍摄照片的数目还与分辨率有关，分辨率越高则存储的照片数目就越少。还与照片的保存格式有关。使用何种分辨率拍摄，要在图像质量与拍摄数量间进行折中考虑。随机存储体一般 XD 卡和 SD 卡，容量原配为 32～64MB。用户通常要另外买存储体，否则仅凭随机存储体可记录的图片和文件非常有限。存储卡的种类也分有很多种，例如 CF 卡、SD 卡、索尼的记忆棒还有 SM 卡等。

（5）光圈与快门

　　光圈是一个用来控制光线透过镜头，进入机身内感光面的光量装置，它通常是在镜头内。光圈 F 值=镜头的焦距/镜头口径的直径。快门包括了电子快门、机械快门和 B 门。电子快门是用电路控制快门线圈磁铁的原理来控制快门时间的，齿轮与连动零件大多为塑料材质；机械快门控制快门的原理是，齿轮带动控制时间，连动与齿轮为铜与铁的材质居多；当需要超过 1 秒曝光时间时，就要用到 B 门了。使用 B 门的时候，快门释放按钮按下，快门便长时间开启，直至松开释放钮，快门才关闭。

4.2.2　数码相机的使用

1. 数码相机的外观

　　柯达数码相机（EasyShare CX7430）最大像素数（万个）：423，最高分辨率（dpi）：2304×1728，是一种性能价格比较高的数码相机。该相机的外观与名称见图 4-9（CX7430 数码相机的前视图）、图 4-10（CX7430 数码相机的后视图）、图 4-11（CX7430 数码相机的侧视图）、图 4-12（CX7430 数码相机的俯视图和仰视图）所示。

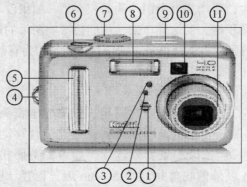

（1）麦克风　（2）光线传感器　（3）自拍器/录像指示灯　（4）腕带孔　（5）防滑条
（6）快门按钮　（7）模式拨盘　（8）闪光装置　（9）扬声器　（10）取景器　（11）镜头/镜头盖

图 4-9　CX7430 数码相机的前视图

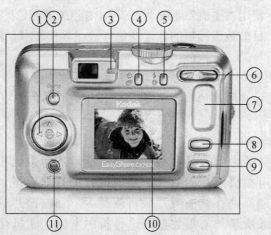

（1）方向控制器▲ / ▼ ◀ / ▶　　（2）DELETE（删除）按钮　　（3）就绪指示灯
（4）自拍/连拍按钮　　（5）闪光灯/状态按钮　　（6）变焦（广角/远摄）
（7）防滑条　（8）MENU 菜单按钮　（9）REVIEW（查看）按钮
（10）相机屏幕（LCD）　　（11）Share（分享）按钮

图 4-10　CX7430 数码相机的后视图

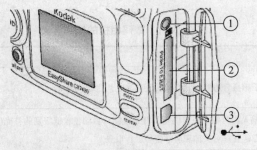

（1）音频/视频输出，用于在电视上观看
（2）用于 sd/mmc 存储卡插槽
（3）USB 端口

图 4-11　CX7430 数码相机的侧视图

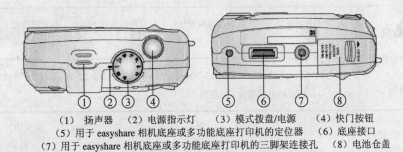

（1）扬声器　　（2）电源指示灯　　（3）模式拨盘/电源　　（4）快门按钮
（5）用于 easyshare 相机底座或多功能底座打印机的定位器　　（6）底座接口
（7）用于 easyshare 相机底座或多功能底座打印机的三脚架连接孔　　（8）电池仓盖

图 4-12　CX7430 数码相机的俯视图和仰视图

2. 数码相机的使用

下面以 CX7430 数码相机为例介绍其使用方法。

（1）打开和关闭相机

① 要打开相机，将模式拨盘从 off（关闭）旋转至任何其他位置。电源指示灯将打开。相机执行自检时就绪指示灯呈绿色闪烁，然后在相机就绪时关闭。

② 要关闭相机，将模式拨盘旋到 off（关闭）位置。相机将结束正在处理的操作。

（2）相机和照片状态

相机屏幕上显示的图标，显示了有效相机和照片的设置。如果❶显示在状态区域中，请按"闪光灯/状态"按钮将显示其他图标。按▲将显示默认的状态图标。

拍摄模式屏幕各图标的含义如图 4-13 所示。

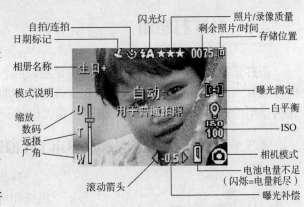

图 4-13　拍摄模式屏幕各图标的含义

（3）相机模式

数码相机的模式（模式拨盘）含义如表 4-1 所示。

表 4-1　数码相机的模式含义

使用模式	作　用
自动	用于拍摄普通照片。自动设置曝光、焦距和闪光灯
肖像	全幅人物肖像。主体清晰，背景模糊。自动使较低级别的补光闪光灯闪光。拍摄对象应处于 0.6m 的地方，且只对头部和肩部姿势进行取景
运动	用于拍摄运动中的主体。快门速度较快
夜间	用于拍摄夜景或在弱光条件下拍摄。将相机放置在平坦的表面上或者使用三脚架。由于快门速度低，因此建议被拍照者在闪光灯闪光之后保持不动，保持几秒钟
风景	适用于拍摄远处的主体。除非将闪光灯打开，否则闪光灯不闪光。在风景模式下，无法使用自动对焦取景标记
特写	广角模式下，主体可距离镜头 13~70cm；远摄模式下，可为 22~70cm。如有可能，请使用现场光代替闪光灯。使用相机屏幕为主体取景

（4）拍摄照片

① 将模式拨盘转到要使用的模式上，此时相机屏幕会显示模式名称和说明。

② 使用取景器或相机屏幕为主体取景（按 ok 按钮打开相机屏幕）。

③ 将快门按钮按下一半以设置曝光和焦距。

④ 就绪指示灯呈绿色闪烁时，将快门按钮完全按下以便拍照。

就绪指示灯呈绿色闪烁时，表明正在保存照片，但仍可以拍照。如果就绪指示灯为红色，请一直等到就绪指示灯变为绿色。

4.3　针式打印机

击打式针式打印机具有结构简单、使用灵活、技术成熟、分辨率高和速度适中的优点，同时还具有高速跳行能力、多份拷贝和大幅面打印的独特功能，特别是性能价格比高，所以目前国内使用的打印机是针式打印机仍占有很大份额。

4.3.1　针式打印机的结构和基本工作原理

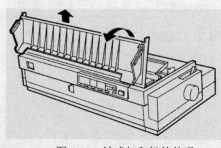

图 4-14　针式打印机的外观

针式打印机（如图 4-14 所示）是由单片机、精密机械和电气构成的机电一体化智能设备。它可以概括性地划分为打印机械装置和电路两大部分。

1. 打印机械装置

（1）打印头

打印头（印字机构）是成字部件，装载在字车上，用于印字，是打印机中关键部件，打印机的打印速度、打印质量和可靠性在很大程度上取决于打印头的性能和质量。

（2）字车机构

字车机构是打印机用来实现打印一个点阵字符点阵汉字的机构。字车机构中装有字车，采用字车电机作为动力源，在传动系统的拖动下，字车将沿导轨做左右往复直线间歇运动。从而使字车上的打印头能沿字行方向、自左至右或自右至左完成一个点阵字符点阵汉字的打印。

（3）输纸机构

输纸机构按照打印纸有无输纸孔来分，可分为两种：一种是磨擦传动方式输纸机构，适用于无输纸孔的打印纸；另一种是链轮传动方式输纸机构，适用于有输纸孔的打印纸。一般的针式打印机，其输纸机构基本上都同时具有这两种机构。

（4）色带机构

色带是在带基上涂黑色或蓝色油墨染料制成的，可分为两类：薄膜色带和编织色带。

针式打印机中普遍采用单向循环色带机构。色带机构有三种形式：盘式结构、窄型（小型）色带盒和长型（大型）色带盒。

2．控制电路

打印机的主控电路本身是一个完整的微型计算机，一般由微处理器（通称 CPU）、读写存储器（RAM）、只读存储器（ROM）、地址译码器和输入/输出（I/O）电路等组成。另外还有打印头控制电路、字车电机控制电路和输纸电机控制电路等。微处理器是控制电路的核心，由于当前微电子技术的高速发展，单片计算机（简称单片机）已将微型计算机的主要部分如微处理器、存储器、输入/输出电路、定时/计时器、串行接口和中断系统等集成在一个芯片上，所以有许多打印机都用高性能的单片机替代微处理器及其外围电路。

3．检测电路

（1）字车初始位置（Home Position）检测电路

打印机在加电后初始化过程中，不管字车处于哪个位置，都将字车向左移动到初始位置，或打印过程中遇到回车控制码，字车也返回到初始位置。字车所停止的位置即为打印字符（汉字）的起始位置。为了使字车每次都能回到初始位置，在打印机机架左端设置有一个初始位置检测传感器，该传感器和相应的电路组成字车初始位置检测电路。

（2）纸尽（PE）检测电路

无论哪种打印机都设置有纸尽检测电路。用于检测打印机是否装上打印纸。若没有装上打印纸或打印过程中纸用尽，则打印机停止打印。

（3）机盖状态检测电路

有的打印机设置有机盖状态检测电路，一般采用簧片开关作为传感器。机盖盖好时开关闭合；反之开关弹开，由检测电路发出信号通过 CPU，令打印机不能启动，也有使用霍尔电路作为传感器的。

（4）输纸调整杆位置检测电路

设置有输纸调整杆位置检测电路。其传感器都采用簧片开关，用开关的打开或关闭两种状态设置输纸方式。例如 AR-3200 打印机，当纸调整杆在摩擦输纸方式时开关闭合；在链轮输纸方式时，开关打开。

（5）压纸杆位置检测电路

打印机都有一种可选件——自动送纸器（ASF）。打印机上装与未装自动送纸器，由压纸杆位置检测电路检测，所用传感器亦为簧片开关。例如 AR-4400 打印机装上自动送纸器时开关闭合，否则断开。开关闭合时为自动送纸方式，无论连续纸或单页纸，纸都自动卷入打印机，开关断开时为手动或导纸器送纸方式。

（6）打印辊间隙检测电路

打印机设置有打印辊间隙检测电路，用以检测打印头调节杆的位置。亦用簧片开关作为传感器，当打印头调节杆拨在第 1～3 档时开关闭合，发出低电平信号给 CPU，打印方式为正常方式；当打印头调整杆拨在第 4～8 档时开关断开，发出高电平信号给 CPU，打印方式变为拷贝方式。

（7）打印头温度检测电路

打印机在长时间连续打印过程中，打印头表面温度可达到摄氏一百多度以上，其内部线圈温度更高，为了防止破坏打印头内部结构，打印机都设置有打印头测试检测电路。检测温度的传感器普遍采用具有负温度系数的热敏电阻，安装在打印头内部。

4. 电源电路

电源电路主要是将交流输入电压转换成打印机正常工作时所需要的直流电压。

所有打印机的电源电路都要输出+5V 直流电压，它是打印机控制电路中各集成电路芯片工作所必需的电源电压。有些打印机电源还要求输出±12V 直流电压，这是提供给串行接口电路的。

电源电路还要输出一个较高值的直流电压。这个电压值依打印机不同而异，这种高值的直流电压在打印机中通常被称为驱动高压，它主要用于字车电机、走纸电机、针驱动电路的工作电源。

5. 针式打印机基本工作原理

打印机在联机状态下，通过接口接收主机发送的打印控制命令、字符打印命令或图形打印命令，再通过打印机的 CPU 处理后，从字库中寻找到与该字符或图形相对应的图像编码首列地址（正向打印时）或末列地址（反向打印时），然后按顺序一列一列地找出字符或图形的编码，送往打印头控制与驱动电路，激励打印头出针打印。

对于无汉字字库的 24 针打印机来说，应由主机传送汉字字形编码（点阵码），一个24×24 点阵组成的汉字，主机要传送 72 个字节字形编码给打印机；对于带有汉字库的 24针打印机来说，主机应向打印机传送控制命令和汉字国际码（2 个字节），经打印机内 CPU处理后，转换成对应的汉字字形点阵码送至打印机行缓冲存储区中，再送打印头控制与驱动电路，激励打印针线圈，打印针受到激励驱动后冲击打印色带，在打印纸上打印出所需的汉字。

4.3.2　针式打印机的安装

STAR AR3200+打印机是日本 STAR 精密株式会社与得实发展有限公司合作开发的普及型高速汉字打印机。以该打印机为例说明安装过程，STAR AR3200+打印机的主要结构如图4-15 所示。

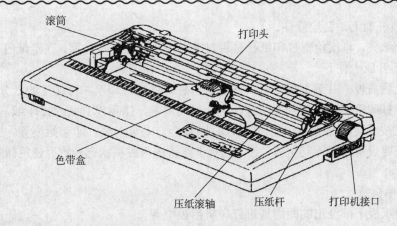

图 4-15　TAR AR3200+打印机的主要结构

（1）安装色带盒

① 把面盖取开，即先把面盖揭起，后取下。

② 按顺时针方向转动色带盒上旋钮，将色带拉紧。

③ 把色带夹在打印头和打印头保护片中间，并转动色带盒上旋钮，使色带盒卡紧在字车座上。

④ 确定色带已夹在打印头与打印头保护片中间，色带盒已固定在字车座适当位置上。

⑤ 再次转动色带盒上旋钮，确保色带已被拉紧。

⑥ 把面盖后端两旁凸出处插入打印机机壳内，然后盖上，打印机正常工作时，盖上面盖可以隔灰尘，同时减低打印时产生的噪音，打开面盖仅是为了更换色带及进行调整。

（2）接口电缆连接

使用标准并行接口电缆连接打印机和计算机如图 4-16 所示，使用 25 芯 D 型插头连接计算机，另一端 36 芯 Centronics 插头与打印机相连。

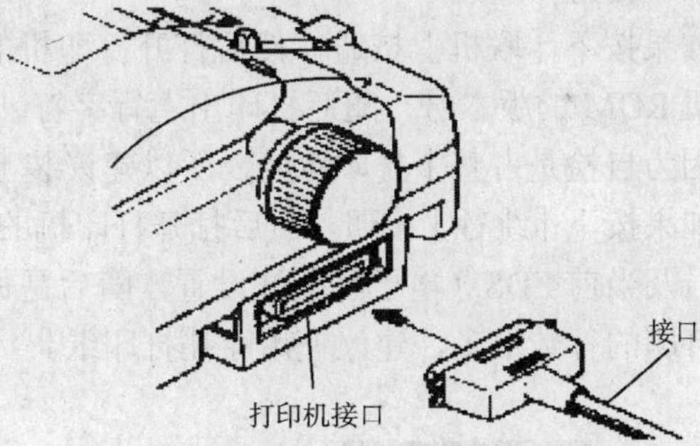

图 4-16　电缆与打印机接口连接

请按下列步骤连接接口电缆：

① 关掉打印机及计算机电源。

② 将接口电缆连到打印机上，确定插头插紧。

③ 用接口两边的扣杆把电缆插头扣紧至听到接口卡紧的声响。

④ 将接口电缆另一端连到计算机上。

（3）安装打印纸

① 穿孔打印机

● 请把一叠的穿孔打印纸放置在打印机后面并至少低于打印机有一页纸的距离。

● 切断打印机的电源。

● 把送纸调杆向前拨，以选择链式送纸。

● 取下导纸板并放在一边。

● 取下后盖。

● 打开纸夹，对齐两边纸孔并对准链齿装下打印纸。

● 沿着横杆调节链轮距离，用位于每个链轮背后的锁杆去释放或锁住位置。当锁杆压下，链轮可动；锁杆朝上，链轮锁住。

● 合上纸夹，再次检查打印纸孔是否对准链齿，如果没有对准，在走纸时可能有问题，会导致打印纸撕开或卡住。

● 盖上后盖板，并装上导纸板（以水平位置）以使打印纸和打印过的纸分离。

● 打开打印机前端电源开关，打印机会发出鸣响，指示没有装入打印纸，缺纸灯亮起。

● 现在按［装纸/出纸/退纸］按钮，打印纸会自动装入至打印起始位置。

● 如果要设置打印不同位置，按［联机］按钮进入脱机状态，然后使用微量送纸功能设置打印纸位置。

② 装入单页纸

● 将导纸板下部突出的两边插进打印机后盖位置。

● 调节导纸边框与所选纸张大小相吻合，记住打印机起始打印时在左边有一定的距离。

● 打开电源，打印机发出鸣响，警告缺纸，缺纸灯亮。

● 确定送纸调杆拨至打印机后方。若是穿孔打印纸已经装在打印机上，脱机状态下，按着［装纸/出纸/退纸］按钮退纸，然后把送纸调杆拨后。

● 把要打印一面朝着打印机后方倒转插进导纸板框内，至纸不能再向前进为止。

● 按［装纸/出纸/退纸］按钮一次，压纸杆自动离开滚筒而纸张随即被送至打印头可打印的位置准备打印。

● 如果要置纸在不同位置，可按［联机］按钮至脱机，然后用微量走纸功能置纸。

（4）自检

如果按下［联机］按钮，然后打开打印机的电源开关，则打印机即进入短自检。首先打出打印机 ROM 的版本号，随后打印出七行字符。每一行的字符将比后一行超前一个字符码。

因为自检是占整个打印宽度，所以建议装上宽行纸以防损坏打印头和打印滚筒。

如果按下［跳行］按钮，然后打开打印机的电源开关，则进行长自检，首先打印其 ROM 的版本号及当前 EDS（电子开关）设置，随后是每一种英文字体及宋体的所有字符打印。

打印的行数很多，建议使用穿孔打印纸。

4.4　喷墨打印机

4.4.1　喷墨打印机的分类

（1）按所用墨水的性质分，可将喷墨打印机分为水性喷墨打印机和油性喷墨打印机。水性喷墨打印机所用的墨水是水性的，因此喷墨口不容易被堵塞，打印效果较好。油性喷墨打印机所用的墨水是油性的，沾水也不会扩散开，但是喷墨口容易堵塞。

（2）按墨盒类型分，主要有采用的颜色的数量，墨盒的数量和是否采用独立的墨盒。有黑、青、洋红、黄四色墨盒。中高端的产品已经普遍采用了黑、青、洋红、黄、淡青、淡洋红的六色墨盒。有的在六色基础上增加红色和蓝色，最后配以亮光墨从而达到了八色。

（3）按主要用途可以分为 3 类，普通型喷墨打印机，数码照片型喷墨打印机和便携式喷墨打印机。普通型喷墨打印机是目前最为常见的打印机，它的用途广泛，可以用来打印文稿，打印图形图像。数码照片型产品和普通型产品相比，它具有数码读卡器，在内置软件的支持下，它可以直接连接数码照相机的数码存储卡和直接连接数码相机，可以在没有计算机支持的情况下直接进行数码照片的打印。便携式喷墨打印机指的是那些体积小巧，一般重量在 1000g 以下，可以比较方便的携带，并且可以使用电池供电。

（4）按打印机的分辨率分，有低分辨率、中分辨率和高分辨率。目前一般喷墨打印机的分辨率均在 1200×1200dpi 以上。

4.4.2　喷墨打印机的组成

气泡式喷墨打印机是目前应用最为广泛的喷墨打印机。该类打印机具有打印速度快、打印质量高以及易于实现彩色打印等特点。目前市场上已推出很多型号的喷墨打印机都是气泡式喷墨打印机，现就以 BJ 喷墨打印机为例介绍其组成。该打印机基本上都可以分成机械和电气两部分。

（1）机械部分。主要由喷头和墨盒、清洁机构、字车部分和走纸部分组成。

① 喷头和墨盒。喷头和墨盒是打印机的关键部件，打印质量和速度在很大程度上取决于该部分的质量和功能。喷头和墨盒的结构分为两类。一类是喷头和墨盒做在一起，墨盒内既有墨水又有喷头，墨盒本身即为消耗品，当墨水用完后，需更换整个墨盒，所以耗材成本较高。另一类是喷头和墨盒分开，当墨水用完后仅需要更换墨盒，耗材成本较低。

② 清洁机构。喷墨打印机中均设有清洁机构，它的作用就是清洁和保护喷嘴。清洗喷嘴的过程比较复杂，包括抽吸和擦拭两种操作。

③ 字车部分。喷墨打印机的字车部分和针式打印机相似，字车电动机通过齿轮的传动作用，使字车引导丝杠转动，从而带动字车在丝杠的方向上移动，实现打印位置的变化。当字车归位时，引导丝杠又转动而推动清洁机构齿轮，完成清洗工作。

④ 走纸部分。它是实现打印中纵向送纸的机构，通过此部分的纵向送纸和字车的横向移动，实现整张纸打印。走纸部分的工作是走纸电动机通过传动齿轮驱动一系列胶辊的摩擦作用，将打印纸输送到喷嘴下，完成打印操作。

（2）喷墨打印机的电气结构。喷墨打印机的电气部分主要由主控制电路、驱动电路、传感器检测电路、接口电路和电源部分构成。

① 主控制电路。主要由微处理器单元、打印机控制器、只读存储器（ROM）、读写存储器（RAM）组成。ROM 中固化了打印机监控程序、字库；RAM 用来暂存主机送来的打印数据；打印机控制器和接口电路、传感器检测电路、操作面板电路、驱动电路连接，用以实现接口控制、指示灯控制、面板按键控制、喷头控制、走纸电动机和字车电动机的控制。

② 驱动电路。主要包括喷头驱动电路、字车电动机驱动电路、走纸电动机驱动电路。这些驱动电路都是在控制电路的控制下工作的。喷头驱动电路把送来的串行打印数据转换成并行打印信号，传送到喷头内的热元件，喷头内热元件的一端连到喷头加热控制信号，作为加热电极的激励电压，另一端和打印信号相连，只有当加热控制信号和打印信号同时有效时，对应的喷嘴才能被加热；字车电动机控制与驱动电路的功能是驱动字车电动机正转和反转，通过齿轮的传动使字车在引导丝杆上左右横向移动，在 BJ-10ex 喷墨打印机中，当字车回到左边初始位置时，把引导丝杆的齿轮推向清洁装置，字车电动机驱动清洁装置工作，走纸电动机控制与驱动电路的功能是驱动走纸电动机运转，经过齿轮的传递作用带动胶辊转动，执行走纸操作。

③ 传感器检测电路。主要用于检测打印机各部分的工作状态，喷墨打印机一般有以下几种检测电路：

● 纸宽传感器。纸宽传感器附在打印头上，进纸后，打印头沿着每页的上部横扫，而测出纸宽，以避免打印到压纸辊上。此类传感器一般为光电传感器。

● 纸尽传感器。用来检测打印机是否装纸，或在打印过程中发现纸用完以后反馈给控制电路。所用传感器为光电传感器。

● 字车初始位置传感器。当打印机开机时，或接到主机的初始信号，或回车换行时，字车就返回左边初始位置（复位），该传感器用于检测出现上述情况时字车能否复位，其传感器也是光电传感器。

● 墨盒传感器。用于检测墨盒是否安装或安装是否正确。其传感器也是光电传感器。

● 打印头内部温度传感器。此传感器为一个热敏电阻，用于检测气泡喷头的温度，使其处于最佳温度，当温度降低时，经热敏电阻测出后，由升温加热器加热。

● 墨水传感器。此传感器是薄膜式压力传感器，用于检测墨盒中墨水的有无。

④ 接口电路。主机和打印机是通过接口相连接的。接口一般为并行接口，也可选用 RS-232 串行接口（属选配件）。

⑤ 电源。电源一般输出三种直流电压，+5V 用于逻辑电路，还有两种高压分别用于喷头加热和驱动电动机。

4.4.3　喷墨打印机的基本工作原理

喷墨打印机的喷墨技术有连续式和随机式两种，目前采用随机式喷墨技术的喷墨打印机逐渐在市场占据主导地位。

随机式喷墨技术的喷墨系统供给的墨滴只在需要印字时才喷出，它的墨滴喷射速度低于连续式，但可通过增加喷嘴的数量来提高印字速度。随机式喷墨技术常采用单列、双列或多列小孔，一次扫描喷墨即可印出所需印字的字符和图像。

许多计算机外设厂家都投入大量资金集中力量发展随机式喷墨打印机。其中气泡式喷墨技术发展较快，下面就这种喷墨技术作一介绍，其喷墨过程可分为七步。

① 喷嘴在未接收到加热信号时，喷嘴内部的墨水表面张力与外界大气压平衡，处于平衡稳定状态；

② 当加热信号发送到喷嘴上时，喷嘴电极被加上一个高幅值的脉冲电压，加热器元件迅速加热，使其附近墨水温度急剧上升并汽化形成气泡；

③ 墨水汽化后，加热器表面的气泡变大形成薄蒸气膜，以避免喷嘴内全部墨水被加热；

④ 当加热信号消失时，加热器表面温度开始下降，但其余热仍使气泡进一步膨胀，使墨水挤出喷嘴；

⑤ 加热器元件的表面温度继续下降，气泡开始收缩。墨水前端因挤压而喷出，后端因墨水的收缩使喷嘴内的压力减小，并将墨水吸回喷嘴内，墨水滴开始与喷嘴分离；

⑥ 气泡进一步收缩，喷嘴内产生负压力，气泡消失，喷出的墨水滴与喷嘴完全分离；

⑦ 墨水由墨水缓存器再次供给，恢复平衡状态。

4.4.4　喷墨打印机的安装与使用

现以爱普生 STYLUS PHOTO R310 喷墨打印机为例，介绍它的结构安装和使用方法。

1. 打印机的结构

STYLUS PHOTO R310 喷墨打印机打印部件如图 4-17 所示。

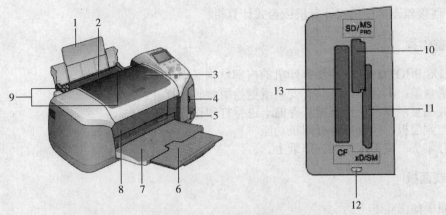

存储卡插槽（放大图）

图 4-17　STYLUS PHOTO R310 喷墨打印机的外部结构

（1）托纸架：支撑装入进纸器中的打印纸。

（2）进纸器：托住空白打印纸，并在打印过程中自动进纸。

（3）打印机盖：盖住打印机的机械部分。只有安装或更换墨盒时才打开。

（4）存储卡插槽盖：打开盖可插入或退出存储卡。

（5）外部设备 USB 连接器：用于连接外部储存设备和带有 USB 直接打印功能的数码相机到打印机。

（6）延伸出纸器：托住退出的纸。

（7）出纸器：接收退出的打印纸。

（8）CD/DVD 打印导板：支撑 CD/DVD 光盘支架。

（9）导轨：使进纸整齐。调整左导轨以使其适合打印纸的宽度。

（10）存储卡插槽 1：用于装入 memory stick，memory stick pro，memory stick duo，magicgate memory stick，sd，minisd card 和 multimediacard 存储卡。

（11）存储卡插槽 2：用于装入 smartmedia 和 xd-picture card 存储卡。

（12）存储卡指示灯。

（13）存储卡插槽 3：用于装入 compactflash 或 microdrive 存储卡。

2. 打印机的接口

打印机的接口如图 4-18 所示。

（1）独立打印预览屏插槽（用于如存储卡打印）：用于连接独立打印预览屏。

（2）独立打印预览屏电缆连接器：用于连接独立打印预览屏选件。

（3）计算机 USB 连接器：用于使用 USB 电缆连接计算机和打印机。

打印机有两个 USB 连接器，一个在前部、一个在后部。使用 USB 电缆，可以连接一个兼容的数码相机，一个便携式计算机或一个台式计算机到打印机。Epson 推荐使用前部 USB 连接器连接数码相机，

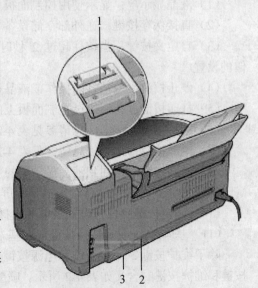

图 4-18　打印机的接口

后部 USB 连接器连接便携式计算机或台式计算机。

3. 内部结构

STYLUS PHOTO R310 喷墨打印机的内部结构（如图 4-19 所示）

（1）墨盒盖：卡住墨盒。只有安装或更换墨盒时才打开。

（3）液晶显示屏：用于直接从存储卡进行打印设置。

（3）控制面板：控制各种打印机功能。

（4）打印头：将墨水喷到打印纸上。

4. 控制面板

控制面板如图 4-20 所示。

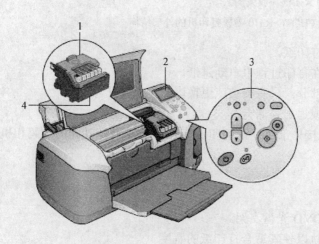

图 4-19　STYLUS PHOTO R310 喷墨
打印机的内部结构

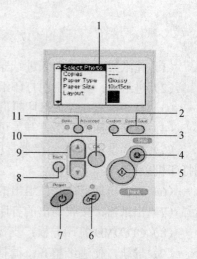

图 4-20　STYLUS PHOTO R310
喷墨打印机的控制面板

（1）液晶显示屏：显示使用控制面板上的按键进行更改的项目和设置。

（2）直接保存按键：在外部存储设备中存储存储卡的内容。

（3）自定义按键：当按住超过 2 秒时，存储液晶显示屏上当前的设置。当按下时，装入存储的设置。

（4）停止按键：取消打印操作或液晶显示屏上的设置。

（5）打印按键：使用通过控制面板上的按键选中液晶显示屏上的设置开始打印。

（6）维护按键：详细信息请参见表 4-2 和表 4-3 所示。

（7）电源按键：详细信息请参见表 4-2 所示。

（8）返回按键：返回到液晶显示屏的主菜单。

（9）上/下箭头按键：移动液晶显示屏上的指针。增加或减少键入的数字。

（10）确定按键：打开设置菜单并选择液晶显示屏上设置的项目。

（11）基本/高级模式转换按键：在基本模式和高级模式中转换。

除了维护按键、停止按键和电源按键，控制面板上的按键只用于从存储卡直接打印。电源按键和维护按键的含义如表 4-2 所示。喷墨打印机面板指示灯含义如表 4-3 所示。

表 4-2　电源按键和维护按键的含义

按　键	功　能
电源 ⏻	打开和关闭打印机
维护 △·⊡	显示说明解决错误，或清除下列错误： 没有墨水或没有墨盒/墨水型号不对，没有打印纸（只有单页纸），夹纸进多页纸。 启动更换墨盒应用工具。 当维护指示灯熄灭并且在高级模式中按下按键时，显示墨盒更换菜单。当在基本模式中按下维护按键时，没有任何反应。

表 4-3　喷墨打印机面板指示灯含义

指示灯	说　明
维护 △·⊡	当出现错误时，此指示灯亮或闪烁。在液晶显示屏上，显示错误描述
基本打印模式	当选择基本打印模式时，此指示灯亮
高级打印模式	当选择高级打印模式时，此指示灯亮
存储卡	当存储卡插入存储卡槽中时，此指示灯亮 当打印机访问存储卡时，此指示灯闪烁

5. 安装墨盒

（1）确保打印机电源打开但是没有打印，然后打开托纸架、打印机盖，并放下出纸器。

（2）检查液晶显示屏显示"墨尽"信息，并按下维护按键。如果留有剩余的墨水将不显示此信息。在这种情况下，按下维护按键，确保选择更换墨盒，并按下确定按键。要查找哪个墨盒需要更换。

（3）按照屏幕显示的说明进行操作，并按下"确定"按键。墨盒缓慢移动到墨盒更换位置。

（4）从包装中取出新墨盒。

（5）打开墨盒盖。拿住想要更换的墨盒。从打印机取出墨盒并适当地处理它。不要拆开用过的墨盒，或尝试给其重新充墨。

（6）将墨盒垂直地放入墨舱中。然后，向下推动墨盒，直到它锁定到位，如图 4-21 所示。

（7）当完成更换墨盒时，关闭墨盒盖和打印机盖。

（8）按"确定"按键。打印头移动并开始对墨水系统充墨。当充墨过程完成时，打印头返回到初始位置。

（9）当液晶显示屏上显示"墨盒更换已完成"时，按"确定"按键。

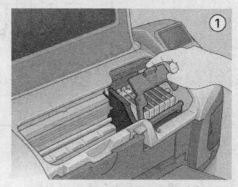

图 4-21　更换墨盒

6. 清洗打印头

如果发现打印的图像意外地模糊或丢失墨点，则可通过清洗打印头来解决这些问题，这样可以保证喷嘴正常出墨。

可以使用打印机软件中的打印头清洗应用工具，从计算机清洗打印头，也可以使用打印机的控制面板按键进行清洗。

（1）打印头的清洗会消耗一些墨水。为避免浪费墨水，请只在打印质量下降时（例如打印输出模糊、色彩不正确或丢失等）才清洗打印头。

（2）使用喷嘴检查应用工具确认打印头是否需要清洗。这样做可以节省墨水。

（3）如果显示"墨尽"信息，或墨水图标闪烁，液晶显示屏上显示墨量低，不能清洗打印头。如果墨尽，将启动墨盒更换程序。如果不想在此时更换墨盒，请按下"停止"按键使打印头返回初始位置。

（4）在使用打印头清洗应用工具之前，确保 CD/DVD 光盘支架没有插入打印机。

7. 打印数据

当在应用程序中创建用于打印的数据时，需要根据打印纸尺寸调整数据。

（1）装入打印纸，在选择介质后，把它装入打印机。

（2）运行打印机驱动程序。

（3）单击主窗口菜单，然后进行质量选项设置，如图 4-22 所示。

图 4-22　打印参数设置

（4）选择进纸器作为来源设置。

（5）进行合适的介质类型设置。

（6）进行合适的尺寸设置。

（7）单击"确定"按钮可关闭打印机驱动程序设置对话框。

完成上面所有步骤以后，开始打印。在打印整个作业之前打印一测试副本来检测打印输出。

4.5　激光打印机

激光打印机（如图 4-23 所示）具有高质量、高速度、低噪音、易管理等特点，现在已占据了办公领域的绝大部分市场。

4.5.1　激光打印机的分类

（1）按打印输出速度分有低速激光打印机、中速激光打印机和高速激光打印机。

低速激光打印机：其印刷速度为<20 页/分。

中速激光打印机：其印刷速度为 20～60 页/分。

高速激光打印机：其印刷速度为>60 页/分。

（2）按色彩分有单色激光打印机和彩
色激光打印机。

单色激光打印机：只能打印一种颜色。

彩色激光打印机：可以打印逼真的彩
色图案，达到印刷品的效果。

图 4-23　激光打印机

（3）按与计算机连接的接口分有并行
接口、SCSI 接口、串行接口、USB 接口、
自带网卡的网络接口（连接到网络中成为
网络打印机），常用是 USB 接口。

（4）按分辨率分有高分辨率、中分辨率和低分辨率三种。

随着打印机的发展，国内激光打印机市场占据份额较多的有惠普（HP）、爱普生（EPSON）、佳能（CANON）、利盟（LEXMARK）、柯尼卡美能达（MINOLTA）、富士施乐（XEROX）、联想（LENOVO）、方正（FOUNDER）等品牌。

4.5.2　激光打印机的组成

1．机械结构

激光打印机的内部机械结构十分复杂。这里就其主要部件墨粉盒和纸张传送机构进行介绍。

（1）墨（碳）粉盒

激光打印机的重要部件如墨粉、感光鼓（又称硒鼓）、显影轧辊、显影磁铁、初级电晕放电极、清扫器等，都装置在墨粉盒内。HP 和 Canon 的激光打印机基本上都是这样的一体化结构。但其他一些激光打印机也有鼓粉分离的（如联想 LJ6P 和 LJ6P+等）。当盒内墨粉用完后，可以将整个墨粉盒卸下更换。其中感光鼓是一个关键部件，一般用铝合金制成一个圆筒，鼓面上涂敷一层感光材料（硒-碲-砷合金）。

（2）纸张传送机构

激光打印机的纸张传送机构和复印机相似。纸由一系列轧辊送进机器内，轧辊有的有动力驱动，有的没有。通常，有动力驱动的轧辊都是通过一系列的齿轮与电机联在一起。主电机采用步进电机，当电机转动时，通过齿轮离合器使某些轧辊独立地启动或停止。齿轮离合器的闭合由控制电机的 CPU 控制。

2．激光扫描系统

激光打印机的激光扫描系统的核心部件是激光写入部件（即激光印字头）和多面转镜。高、中速激光打印机的光源都采用气体（He-Ne）激光器，用声光（AO）调制器对激光进行调制。为拓宽调制频带，由激光器发生的激光束，需经聚焦透镜进行聚焦后再射入声光调制器。根据印字信息对激光束的光强度进行调制，为使印字光束在感光体表面形成所需的光点直径，还需经扩展透镜进行放大。

3．电路

（1）控制电路

激光打印机的控制电路是一个完整的被扩展的微型计算机系统。计算机系统主要包括：CPU、ROM、RAM、定时控制、I/O 控制、并行接口、串行接口等。该计算机系统通过并行接口或串行接口接收主机输入信号；通过接口控制/接收信息；通过面板接口控制/接收操作面板信息；另外，还控制直流控制电路，再由直流控制电路控制定影控制、离合控制、各个驱动电机、扫描电机、激光发生器以及各组高压电源等。

（2）电源系统

激光打印机内有多组不同的电源。例如 HP33440 型激光打印机中直流低压电源有 3 组：+5V，-5V 和+24V。

4．开关及安全装置

激光打印机都设置有许多开关，控制电路利用这些开关检测并显示打印机各个部件的工作状态。许多开关还带有安全器件，以防伤害操作人员或损坏打印机。

4.5.3　激光打印机的基本工作原理

激光打印机是将激光扫描技术和电子照相技术相结合的印字输出设备。其基本工作原理可用图 4-24 描述。

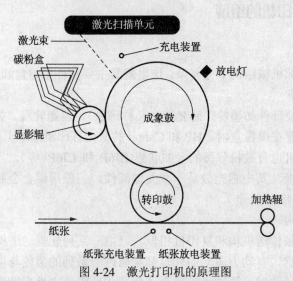

图 4-24　激光打印机的原理图

二进制数据信息来自计算机，由视频控制转换为视频信号，再由视频接口/控制系统把视频信号转换为激光驱动信号，然后由激光扫描系统产生载有字符信息的激光束，最后由电子照相系统使激光束成像并转印到纸上输出。

1．带电

在感光鼓（体）表面的上方设有一个充电的电晕电极，其中有一根屏蔽的钨丝，当传动感光鼓（体）的机械部件开始动作时，用高压电源对电晕电极加数千伏的高压。这样就会开始电晕放电，电晕电极放电时钨丝周围的空气就会被电离，变成导电的导体，使感光鼓表面带上正（负）电荷。

电晕放电，就是给导体加上一定的电压，使导体周围的空气（或其他气体）被电离，变成离子层。一般认为空气是非导电体，电离后就变成了导体。

2．曝光

随着带正（负）电荷的感光鼓（体）表面的转动，遇有激光源照射时，鼓表面曝光部分变为良导体，正（负）电荷流向地（电荷消失）。

文字或图像以外的地方，即未曝光的鼓表面，仍保留有电荷，这样就生成了不可见的文字或图像的静电潜像。

3．显影（显像）

显影也称显像，随着鼓表面的转动，接着对静电潜像进行显像操作。显像就是用载体和着色剂（单成分或双成分墨粉）对潜像着色。载体带负（正）电荷，着色剂正（负）电荷，这些着色剂就会裹附在载体周围，由于静电感应作用，着色剂就会被吸附在放电的鼓表面上即生成替像的地方，使潜像着色变为可视图像。

4．转印

被显像的鼓表面的转动通过转印电晕电极时，显像后的图像即可转印在普通纸上。因为转印电晕电极使记录纸带有负（正）电荷，鼓（体）表面着色的图像带有正（负）电荷，这样，显像后的图像就能自动地转印在纸面上。

5．定影（固定）

图像从鼓面上转印在普通纸上之后，进一步通过定影器进行定影。定影器（或称固定器）有两种：一种是采用加热固定，即烘干器；另一种是利用压力固定，即压力辊。带有转印图像的记录纸，通过烘干器加热，或通过压力辊加压后使图像固定，使着色剂融化渗入纸纤维中，最后形成可永久保存的记录结果。

6．清除残像

转印过程中着色剂从鼓面上转印到纸面上时，鼓面上多少总会残留一些着色剂。为清除这些残留的着色剂，记录纸下面装有放电灯泡，其作用是消除鼓面上的电荷，经过放电灯泡照射后，可使残留的着色剂浮在鼓面上，进一步通过清扫时，这些残留的着色剂就会被刷掉。

4.5.4　激光打印机的安装

下面以三星 ML-1430 激光打印机为例介绍激光打印机的安装。

1．激光打印机的外观

三星 ML-1430 激光打印机的主视图如图 4-25 所示，内部图如图 4-26 所示，后视图如图 4-27 所示。

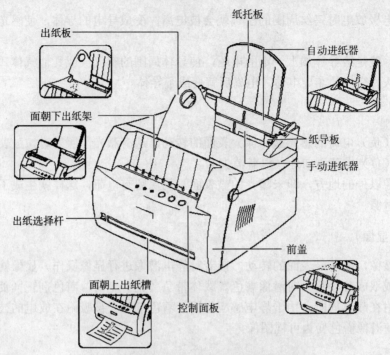

图 4-25　三星 ML-1430 激光打印机的主视图

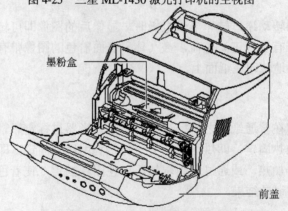

图 4-26　三星 ML-1430 激光打印机的内部图

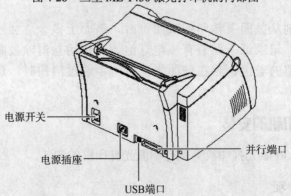

图 4-27　三星 ML-1430 激光打印机的后视图

2．安装墨粉盒

（1）拿住前盖的两边，向外拉，打开打印机。

（2）从墨粉盒的包装袋中取出墨粉盒，去掉包住墨粉盒的纸。

（3）轻轻地摇晃墨粉盒，使盒内的墨粉分布均匀，如图 4-28 所示。为了防止损坏墨粉盒，不能将墨粉盒暴露在阳光下长达几分钟。

（4）找到打印机内的墨粉盒槽，一边一个。

（5）拿住把手，将墨粉盒放入墨粉盒槽，直到墨粉盒安装到位，如图 4-29 所示。

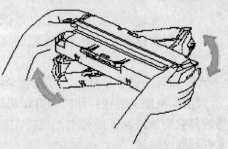

图 4-28 轻轻地摇晃墨粉盒

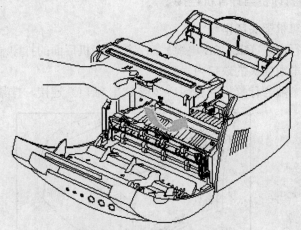

图 4-29 墨粉盒放入墨粉盒槽

（6）关上前盖。应确实关紧前盖。

3. 装纸

（1）将自动进纸器上的托纸板向上拉，直到达到最高位置。

（2）在装纸前，将纸来回弯曲，使纸松动，再扇动纸。装纸前，在桌子上对齐纸的边缘。有助于防止卡纸。

（3）将纸装入自动进纸器，打印面朝上，如图 4-30 所示。

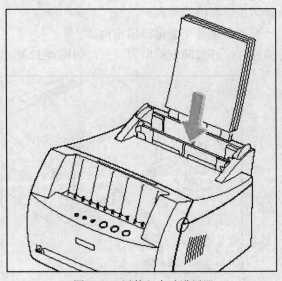

图 4-30 纸装入自动进纸器

（4）不要装入太多的纸，自动进纸器最大可装 150 张纸。

（5）调整导纸板，使之适应纸的宽度。装纸时要注意以下几点：

① 不要将导纸板推得太紧，以致引起纸张拱起。

② 如果未调整导纸板，可能会卡纸。

③ 如果您需要在打印时向打印机的纸盒中加纸，首先将打印机纸盒中剩余的纸张拿出来。然后将它们放进新的纸张中。直接在打印机纸盒中剩余的纸张上加纸，可能导致打印机卡纸或多页纸同时输送。

4. 用并行电缆将打印机与计算机连接

（1）打印机和计算机都关闭电源。

（2）将打印机并行电缆（或 USB 电缆）插入到打印机后面的打印端口。

将金属卡环推入电缆插头的缺口内。

（3）将电缆的另一端与计算机并行端口（或 USB 端口）连接，拧紧螺钉，如图 4-31 所示。

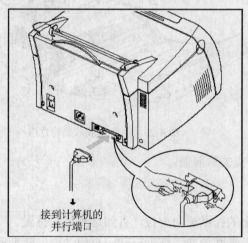

图 4-31　打印机与计算机的信号线连接

5. 接通电源

（1）将电源线插入打印机后面的插座内。

（2）将电源线的另一端插入接地交流电源插座内。

（3）接通交流电源插座并打开打印机的电源开关，如图 4-32 所示。

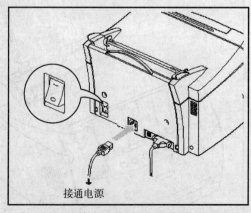

图 4-32　连接电源并打开打印机的电源开关

6. 安装打印机驱动程序

打印机提供的光盘有打印机驱动程序。为了使用打印机，必须安装打印机驱动程序。

如果使用的是一个并行端口打印，可以找到如何在用并行电缆与打印机连接的计算机上安装打印驱动软件。

如果使用的是一个 USB 端口打印，可以找到关于在支持 USB 端口通信的计算机中安装打印驱动软件的信息。

从光盘上安装打印机驱动软件：

① 将光盘放入光盘驱动器中，就自动开始安装。

② 当出现安装程序屏幕时，选择所需语言。

③ 根据计算机屏幕上的引导完成安装操作。

7. 打印机自检

在打印机通电时，打印机控制面板上的所有指示灯都短暂地亮一下。当只有数据灯亮时，按住演示按钮。

按住按钮约 2 秒钟，直到所有指示灯慢速闪烁，然后松开，打印机就打印自检页。

自检页提供了打印质量的样张，并帮助验证了打印机是否正确打印。

本章主要学习内容

● 扫描仪的结构、基本工作原理、安装使用
● 数码相机的结构、基本工作原理和安装使用
● 针式打印机的结构、基本工作原理和安装使用
● 喷墨打印机的分类、组成和基本工作原理和安装使用
● 激光打印机的分类、组成和基本工作原理和安装使用

练习四

1. 填空题

（1）目前市面上的扫描仪大体上分为（　　）、名片扫描仪、底片扫描仪、馈纸式扫描仪、（　　）。

（2）扫描仪主要由光学部分、机械传动部分和（　　）三部分组成。

（3）水性喷墨打印机所用的墨水是水性的，因此喷墨口不容易被（　　），打印效果（　　）。

（4）喷墨打印机按主要用途可以分为 3 类，普通型喷墨打印机，（　　）型喷墨打印机和（　　）喷墨打印机。

（5）喷墨打印机的喷墨技术有连续式和随机式两种，目前采用（　　）喷墨技术的喷墨打印机逐渐在市场占据主导地位。

2. 选择题

（1）色深是指扫描仪对图像进行采样的数据位数，也就是扫描仪所能辨析的色彩范围。单位是（　　）。

　　A. 十进制位数　　　B. 二进制位数　　　C. 十六进制位数　　　D. 八进制位数

（2）目前数码相机存储照片主要使用（　　　）。

  A. 软盘   B. U 盘   C. 存储卡   D. 内存

（3）目前激光打印机与计算机连接的接口分有并行接口、SCSI 接口、串行接口、USB 接口，主要接口是（　　　）。

  A. 并行接口   B. 串行接口   C. USB 接口   D. SCSI 接口

（4）一个 24×24 点阵组成的汉字，微型机要传送（　　　）字节字形编码给打印机。

  A. 24×24 个   B. 78 个   C. 64 个   D. 72 个

3. 简答题

（1）叙述数码相机的基本原理。

（2）激光打印机的控制电路主要包括哪些部分？

（3）叙述激光打印机的转印原理。

（4）叙述喷墨打印机一般有哪几种检测电路。

实践一：扫描仪和数码相机的使用方法

1. 实践目的

（1）掌握扫描仪的安装使用。

（2）掌握数码相机的使用方法。

2. 实践内容

（1）将扫描仪连接到微型机上并安装驱动程序，进行参数设置扫描一张照片。

（2）设置一台数码照机的主要参数，掌握使用方法。

实践二：喷墨打印机和激光打印机的使用方法

1. 实践目的

（1）掌握喷墨打印机的安装使用。

（2）掌握激光打印机的安装使用。

2. 实践内容

（1）将喷墨打印机连接到微型机上并安装驱动程序，设置主要参数并打印一份文稿。

（2）将激光打印机连接到微型机上并安装驱动程序，设置主要参数并打印一份文稿。

第 5 章　计算机联网

5.1　联网设备

当前使用计算机离不开网络，最常用的网络设备包括用于拨号上网的 ADSL Modem、网卡和连接局域网的集线器和交换机。

5.1.1　网卡

网卡又叫网络适配器或网络接口卡（Network Interface Card，NIC）。把它插在计算机主板的扩展槽中，通过它的尾部的接口与网络线缆相连。有的网卡集成到了主板上。在局域网中，计算机只有通过网卡才能与网络进行通信。

1．网卡的类型

（1）按网络的类型来分，有以太网卡、令牌环网卡、ATM 网卡等。

（2）按网卡与主板的接口方式来分，有 16 位的 ISA 网卡、32 位的 PCI 网卡。

（3）按网络的传输速度来分，有 10Mb/s 的网卡、100Mb/s 的网卡和 1000Mb/s 的网卡。

（4）按网卡与计算机或设备的连接位置来分，有插在计算机内的内插网卡、连接网络设备（如网络打印机）用的外接口袋型网卡（Pocket Lan Card）、连接笔记本计算机用的外接 PCMCIA 网卡。

（5）按网卡的尾部接口来分有多种：

① RJ45 接口，用于星状网络中连接双绞线，如图 5-1 所示。

② BNC 接口，用于总线状网络中连接细同轴电缆。

③ ST 接口，用于连接光纤。

一个网卡上一般有一个或多个不同的接口，如图 5-2 所示。

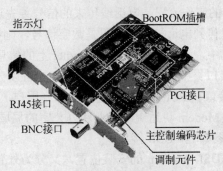

图 5-1　RJ45 接口的网卡　　　　　图 5-2　BNC+RJ45 接口的网卡

在一些特定的网络中，为了节省投资或其他一些目的需要无盘工作站。无盘工作站就是计算机没有硬盘，它要启动就需要网络服务器来替它完成。这时网卡就需要远程启动 ROM（Remote Boot ROM），远程启动 ROM 内固化的程序。当无盘工作站开机后，首先完成自检，然后执行远程启动 ROM 里固化的程序，该程序就会自动通过网络去寻找服务器。找到服务器后，就把服务器上为它准备的启动程序通过网络传送到它的内存中，然后执行，这样就完成了无盘工作站的启动。启动后的无盘工作站和其他有盘工作站一样，能在网络中享用网络资源。

远程启动 ROM 是一块独立的芯片，需要时买一块插在网卡上就可以了。网卡上有一个芯片插槽就是为远程启动 ROM 准备的。

近几年来，无线局域网开始应用。要建立无线局域网，就需要为每台工作站装一个无线网卡。无线网卡实际上就是在一般的网卡上配置一个天线，这样就可把计算机传送的电信号数据转变为电磁波数据在空间中传送。

2. 网卡的基本工作原理

网卡是网络中的最基本、最关键的硬件，它的性能好坏直接影响整个网络的性能。

网卡连接到计算机上，要想网卡正常工作还需要对网卡进行配置。网卡配置时，主要相关的有三个参数：IRQ 中断号、I/O 端口地址和 DMA 通道号。IRQ 中断号、I/O 端口地址和 DMA 通道号由系统自动处理分配。

计算机要在网络上发送数据时，把相应的数据从内存中传送给网卡，网卡便对数据进行处理：把这些数据分割成数据块，并对数据块进行校验，同时加上地址信息，这种地址信息包含了目标网卡的地址及自己的地址，以太网卡和令牌环网卡出厂时，已经把地址固化在了网卡上，这种地址是全球唯一的，然后观察网络是否允许自己发送这些数据，如果网络允许则发出，否则就等待时机再发送。

反之，当网卡接收到网络上传来的数据时，它分析该数据块中的目标地址信息，如果正好是自己的地址时，它就把数据取出来传送到计算机的内存中交给相应的程序处理，否则将不予理睬。

5.1.2　ADSL Modem

ADSL Modem 与传统的调制解调器和 ISDN 一样，也是使用电话网作为传输的媒介。当安置了 ADSL Modem 时，利用现代分频和编码调制技术，在这段电话线上将产生 3 个信息通道：高速下传通道、双工通道和普通的电话通道。这 3 个通道可以同时工作，也就是说它能够在现有的电话线上获得最大的数据传输能力，在一条电话线上既可以上网，还可以打电话或发送传真。

ADSL 的工作流程是电话线传来的信号首先通过滤波分离器（也叫信号分离器），如果是语音信号，就传到电话机上；如果是数字信号，则被传到 ADSL Modem，数据经过转换，然后就传入计算机中，我们就接收到了 Internet 上的信息了。

根据接口类型的不同，ADSL Modem 可以分为以太网接口、PCI 接口和 USB 接口 3 种类型。USB 接口和 PCI 接口类型适用于家庭用户，性价比较高，小巧、方便、实用，而以太网接口的 ADSL Modem 更适用于企业和办公室的局域网。USB 接口的 ADSL Modem 只有电源接口、RJ11 电话线接口和 USB 接口。

根据 ADSL Modem 的安装位置，又分为外置式和内置式两种，上面所说的 USB 接口的和以太网接口的 ADSL Modem 是外置式的，而 PCI 接口则属于内置式的。

1. 以太网接口的 ADSL Modem

以太网接口的 ADSL Modem 最为常见，属于外置式的。这种 Modem 的性能是最好的，功能也最齐全。普通型的适用于家庭用户，而带有桥接和路由功能的则适用于企业和办公场所的局域网，图 5-3 所示的是一款家用型的以太网接口 ADSL Modem。该 ADSL Modem 内置了滤波分离器，所以插口上有两个 RJ11（电话线）接口，一个为"Line"的电话入户线接口，另一个则是连接电话的"Phone"接口。至于 RJ45（网线）接口，则用于与计算机网卡上的网线连接。

以太网接口的 ADSL Modem 需要计算机上有一块 10Mb/s 的网卡配合工作。

而应用于企业办公环境的外置式以太网接口的 ADSL Modem，在外观上只是多出了几个 10Mb/s/100Mb/s 自适应的以太网接口，外观如图 5-4 所示。但它内部的变化是非常大的，能够同时连接几台计算机，同时提供网上服务。

图 5-3　家用型的以太网接口

图 5-4　外置式以太网接口的 ADSL Modem

很多外置式以太网接口 ADSL Modem 还提供 R232 的接口，这样用户就可以通过使用串口线将它与计算机上的 COM 串口连接，进行 ADSL 内部参数设置。

2. USB 接口的 ADSL Modem

USB 接口的 ADSL Modem 比起以太网接口，其最大的特点和优势就在于它与计算机的连接是通过 USB 数据线实现的。这样计算机上就不需要另外配置一块网卡了，直接接上 USB 接口就行了，所以要方便很多，主要适用于家庭用户。

USB 接口的 ADSL Modem 一般有 1 个 USB 接口和 1 个电话线接口，USB 接口是用来连接计算机用的，而电话线接口则是连接滤波分离器的。

3. PCI 接口的 ADSL Modem

PCI 接口的 ADSL Modem 的外观类似 PCI 声卡（如图 5-5 所示），它主要适用于家庭用户。把它插在计算机主板的 PCI 插槽中，通过金手指与插槽接触进行数据传送和供电，这种 ADSL Modem 运行速度较慢，容易掉线，而且主要数据处理工作要通过 CPU 承担，因而加重了 CPU 的工作负荷。它最大的优点就是价格便宜，使用简单。

这一款 ADSL Modem 内置了滤波分离器，所以有两个电话线接口，一个是可以连接电话入户线的"Line"接口，一个是连接电话机的"Phone"接口。

PCI 接口的 ADSL Modem 的特点就是简单方便，可直接安装到计算机，然后接上电话线就行了，无需其他设备和连接器件。

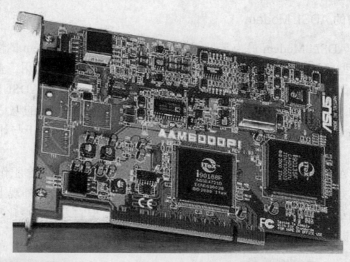

图 5-5　PCI 接口的 ADSL Modem

5.1.3　集线器和交换机

1. 集线器

集线器（英文名称 HUB）是计算机网络中连接多台计算机或其他设备的连接设备，是对网络进行集中管理的最小单元。多种类型的网络都依靠集线器来连接各种设备并把数据分发到各个网段。HUB 基本上是一个共享设备，其实质是一个中继器，主要提供信号放大和中转的功能，它把一个端口接收的全部信号向所有端口分发出去。一些集线器在分发之前将弱信号加强后重新发出，一些集线器则排列信号的时序以提供所有端口间的同步数据通信。

HUB 主要用于星状以太网，它是解决从服务器直接到桌面的最经济的方案。使用 HUB 组网灵活，它处于网络的一个星状结点，对结点相连的工作站进行集中管理，出问题的工作站不会影响整个网络的正常运行，并且用户的加入和退出也很自由。

如果想建立星状网络，且有两台以上的计算机（含服务器），那么就可以使用集线器。图 5-6 是一台标准的 24 口集线器。

集线器有多种类型，各个种类具有特定的功能、提供不同等级的服务。依据带宽的不同，HUB 分为 10Mb/s、100Mb/s 和 10Mb/s/100Mb/s 自适应三种；若按配置形式的不同可分为独立型、模块化和堆叠式三种；根据端口数目的不同主要有 8 口、16 口和 24 口几种；根据工作方式可分为智能型和非智能型两种。目前所使用的 HUB 基本是前三种分类的组合，如常看到的 10Mb/s/100Mb/s 自适应智能型、可堆叠式 HUB 等。

在 HUB 正面的面板如图 5-7 所示，有多个端口即 RJ45 插孔，用于连接来自计算机等网络设备的网线，只需要把网线上做好的 RJ45 的插头插进去就可以了，在这些 RJ45 的插孔中一般有一个特殊的端口称作级联口用于连接其他的 HUB，级联口通过旁边的转换开关在级联功能和普通连接功能之间转换，有一些则是单独设计了一个级联口。面板上有各个端口的状态指示灯，通过这些指示灯可以知道哪些端口连接了网络设备，哪些端口在传输数据等信息，面板上还有集线器本身的通电和工作状况的指示灯。

集线器背面如图 5-8 所示，有用于连接电源的电源插座，可堆叠式集线器还有上下两个堆叠端口用于堆叠。堆叠的方法就是使用专用的连接线把两台集线器的上堆叠端口和下堆叠端口连接起来。

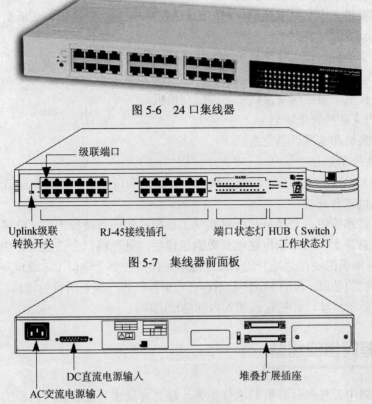

图 5-6 24 口集线器

级联端口

Uplink级联
转换开关 RJ-45接线插孔 端口状态灯 HUB（Switch）
工作状态灯

图 5-7 集线器前面板

DC直流电源输入 堆叠扩展插座
AC交流电源输入

图 5-8 集线器背面

连接好网线，打开 HUB 的电源，网络在物理上就开始工作了，当然计算机上的网络软件需要安装好，协议配置好，以后才能真正完成网络功能并投入使用。

2. 交换机

交换机（如图 5-9 所示）通过对信息进行重新生成，并经过内部处理后转发至指定端口，具备自动寻址能力和交换能力。

图 5-9 路由交换机和快速以太网交换机外观

有网管型交换机和非网管型交换机。

（1）交换机的分类

① 根据网络覆盖范围分

有局域网交换机和广域网交换机。

② 根据传输介质和传输速度划分

有以太网交换机、快速以太网交换机、千兆以太网交换机、10 千兆以太网交换机、ATM 交换机、FDDI 交换机和令牌环交换机等。

③ 根据交换机应用网络层次划分

有企业级交换机、中心网交换机、部门级交换机和工作组交换机、桌机型交换机。

④ 根据交换机端口结构划分

有固定端口交换机和模块化交换机。

⑤ 根据工作协议层划分

有第二层交换机、第三层交换机和第四层交换机。

⑥ 根据是否支持网管功能划分

有网管型交换机和非网管型交换机。

⑦ 根据交换技术划分

在交换技术上，目前主要有3种交换技术，分别是端口交换、帧交换和信元交换。

（2）交换机的工作原理

在计算机网络系统中，交换机是针对共享工作模式的弱点而推出的。交换机的所有端口都挂接在这条背部总线上，当控制电路收到数据包以后，处理端口会查找内存中的地址对照表以确定目的 MAC（网卡的硬件地址）的 NIC（网卡）挂接在哪个端口上，通过内部交换矩阵迅速将数据包传送到目的端口。目的 MAC 若不存在，交换机才广播到所有的端口，接收端回应后交换机会"学习"新的地址，并把它添加入内部地址表中。

5.2　对等网络的组建

在计算机网络中若每台计算机的地位平等，都允许使用其他计算机内部的资源，这种网就称之为对等局域网（Peer To Peer LAN，简称对等网）。对等网非常适合于小型的、任务轻的局域网，例如在普通办公室、家庭、游戏厅、学生宿舍内建立的小型局域网。通常采用 Windows XP 操作系统或 Windows 2000 操作系统组建对等网。

5.2.1　硬件连接

硬件连接方法如下：

（1）网卡的安装。像安装其他任何硬件适配卡一样，打开机箱，将网卡插入主板的一个空闲的 PCI 插槽中，固定好即可。

（2）双绞线的制作。剪裁适当长度的双绞线，用剥线钳剥去其端头 1cm 左右的外皮（注意内芯的绝缘层不要剥除），一般内芯的外皮上有颜色的配对，按两端 RJ45 头中插线的颜色顺序要完全一致排列好，将线头插入 RJ45 接头，用钳子压紧，确定没有松动，这样一个接头就完成了。按照上述方法将双绞线的各端都连好接头。

（3）HUB 或交换机的安装与连接。把接好接头的双绞线的一端插入计算机的网卡上，另外一端插入 HUB 或交换机的接口中，接口的次序不限，接上电源。最后的结果是每一台计算机都用一根双绞线与 HUB 或交换机连接，这种网络的布线方式被称为"星状拓扑"，如图 5-10 所示。

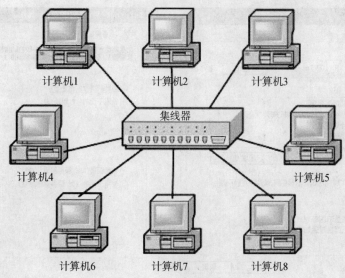

计算机1   计算机2   计算机3

集线器

计算机4   计算机5

计算机6   计算机7   计算机8

图 5-10   星状拓扑连接图

5.2.2 软件设置

假设计算机已经安装了 Windows XP，就可打开计算机电源。开机时系统会提示发现新设备，并加载网卡设备驱动程序，这时 Windows XP 自带的驱动程序进行自动安装。再进行网络属性的相关设置。

（1）在网上邻居上点击右健，选择属性，或者进入控制面板，选择"图络连接"，双击"本地连接"，打开本地连接属性窗口，如图 5-11 所示。

图 5-11   选择本地连接

（2）进入本地连接属性窗口。在默认的本地连接属性里，安装了"Microsoft 网络客户端"、"QoS 数据包计划程序"、"Microsoft 网络文件和打印机共享"、"TCP/IP 协议" 4 个项目，如图 5-12 所示，这 4 个项目能基本保障 Windows XP 网络的运行了。

（3）双击"Internet 协议（TCP/IP）"。进入"Internet 协议（TCP/IP）"属性窗口如图 5-13 所示），就可以在这里设置 IP 地址了。

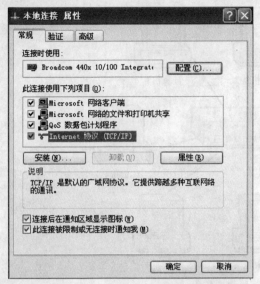

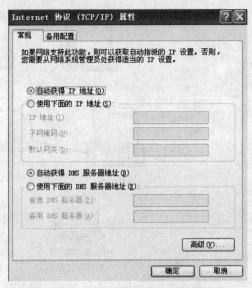

图 5-12　安装了 4 个项目界面　　　　图 5-13　Internet 协议（TCP/IP）属性窗口

（4）勾选"使用下面的 IP 地址"，这时，下面的"IP 地址"、"子网掩码"、"默认网关"处于激活状态如图 5-14 所示，在它们后面的框里就可以输入数字了。

（5）在 IP 地址栏里输入"192.168.0.5"，将光标移入子网掩码栏的第一位，系统会自动填入 255.255.255.0，默认网关一般填"192.168.0.1"。单击"确定"按钮后 IP 地址就设置完毕了，如图 5-15 所示。

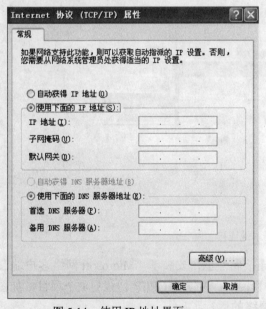

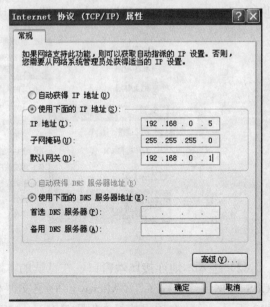

图 5-14　使用 IP 地址界面　　　　图 5-15　IP 地址设置界面

5.3　拨号上网

目前拨号上网有三种选择，第 1 种用传统的调制解调器，第 2 种用 ISDN（一线通），第 3 种用 ADSL（非对称数字用户线路）。下面简单介绍这三种拨号上网的基本情况。

5.3.1 拨号上网的设备

1. 传统的调制解调器

传统的调制解调器的英文名称是 Modem。Modem 的主要功能就是将数据在数字信号和模拟信号之间转换，以实现在电话线上的传输。现在的 Modem 基本上都带有传真和语音功能，所以通常叫做 Fax/Voice/Modem。主要有外置式 Modem 和内置式 Modem。

外置式 Modem 置于计算机的机箱外，通过串行通信口与计算机相连接，这种 Modem 易于安装，闪烁的指示灯便于监视 Modem 的工作状态，但价格较高。

内置式 Modem 在安装时需要打开机箱，插在主板的扩展槽上，价格比外置式 Modem 便宜。

传统的调制解调器拨号上网，数据传输速度慢，利用电话线上网时不能利用电话线通话。

2. ISDN

ISDN（Integrated Services Digital Network），中文名称是综合业务数字网。

ISDN 一线多能，使用一对电话线、一个入网接口就能获得包括电话、文字、图像、数据等在内的各种综合业务，节省了投资，提高了网络资源的利用率。

在一根普通电话线上，可以提供以 64Kb/s 速率为基础的并可以最高 128Kb/s 的上网速度的数字连接。

ISDN 有窄带 N-ISDN 和宽带 B-ISDN，窄带 N-ISDN 进行抽样编码划分信道，将 2MHz 的带宽充分利用，在窄带 N-ISDN 方式下，想进一步获得大于 2Mb/s 的带宽，只能转向宽带 B-ISDN。但宽带 B-ISDN 一直因设备复杂，成本极高而无市场推广价值。

3. ADSL

ADSL（Asymmetric Digital Subscriber Line），非对称数字用户线路。由中国电信承办，是最常见的一种宽带接入方式。

在安装方面，电信对 ADSL 拥有优势。ADSL 可直接利用现有的电话线路，通过 ADSL Modem 后进行数字信息传输。因此，凡是安装了电信电话的用户都具备安装 ADSL 的基本条件。用户只需到当地电信局开通即可。

虽然 ADSL 的最大理论上行速率可达到 1Mb/s，下行速率可达 8Mb/s，但目前国内电信为普通家庭用户提供的实际速率多为下行 512Kb/s，提供下行 1Mb/s 甚至以上速度的地区很少。值得注意的是，这里的传输速率为用户独享带宽，因此不必担心多家用户在同一时间使用 ADSL 会造成网速变慢。

ADSL 具有的优点：工作稳定，出故障的几率较小，一旦出现故障可及时与电信联系，通常能很快得到技术支持和故障排除。

电信会推出不同价格的包月套餐，为用户提供更多的选择。

带宽独享，并使用公网 IP，用户可建立网站、FTP 服务器或游戏服务器。

ADSL 速率，以 512Kb/s 带宽为例，最大下载实际速率为 87KB/s 左右，即便升级到 1Mb/s 带宽，也只能达到一百多 KB。

但 ADSL 对电话线路质量要求较高，如果电话线路质量不好易造成 ADSL 工作不稳定或断线。

从以上分析可知，用 ADSL 上网有明显的优势。

一般来说，只要用户家中有电话线，基本都可以开通 ADSL（必须是当地电信已提供这项服务）。

5.3.2　ADSL Modem **的硬件安装**

ADSL 的硬件安装比以前使用的 Modem 稍微复杂一些。我们现在假设已经准备齐了以下设备：一块 10Mb/s/100Mb/s 自适应网卡；一个 ADSL 调制解调器；一个信号分离器；另外还有两根两端做好 RJ11 头的电话线和一根两端做好 RJ45 头的双绞线连接示意如图 5-16 所示。有的滤波分离器被内置在 ADSL Modem 中，而有的是独立的设备。常见的 ADSL 滤波器从左到右的连线依次是：标志为"Line"的接口接电话入户线；输出语音信号的标志为"Phone"的接口连接电话机；标志为"Modem"的接口连接 ADSL Modem 的数据信号输出线。

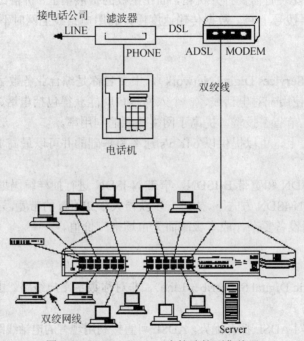

图 5-16　ADSL Modem 直接连接到集线器

1. 实现无服务器共享连接

图 5-17　新建连接向导

下面以天邑 HASB-100A 为例讲述 ADSL Modem 无服务器共享连接的使用方法，天邑 HASB-100A 采用 CONEXANT（科胜讯）的芯片，Web 界面管理。因为有多台计算机，所以采用集线器或交换机加 ADSL 路由模式上网，用 PPPoE 拨号，这样就可以实现开机即上网，并且多台计算机都可随时独立访问网络。

（1）在 Windows XP 下不需要安装其他的拨号软件，利用其自带的拨号程序就可以进行 ADSL 拨号。在开始菜单中找到"新建连接向导"如图 5-17 所示。

（2）程序将告诉你连接向导能帮助完成哪些设置，直接单击"下一步"按钮继续，如图 5-18 所示。

（3）在这个界面要求选择网络连接类型，我们这里选择"连接到 Internet"单击"下一步"按钮继续，如图 5-19 所示。

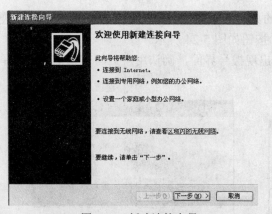
图 5-18　新建连接向导

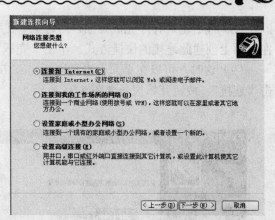
图 5-19　网络连接类型

（4）选择"手动设置我的连接"，单击"下一步"按钮继续（如图 5-20 所示）。

（5）选择"要求用户名和密码的宽带连接来连接"，也就是 ADSL 的 PPPoE 连接方式，单击"下一步"按钮继续，如图 5-21 所示。

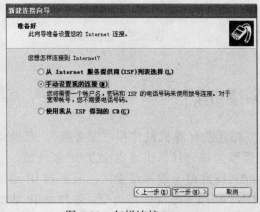
图 5-20　怎样连接 Internet

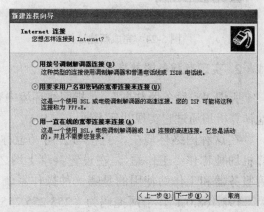
图 5-21　Internet 连接

（6）在这里，输入这次连接的名称。如"ADSL"，单击"下一步"按钮继续，如图 5-22 所示。

（7）在用户名设置窗口中填入正确的用户名与密码，密码要输入两次，确认无误后单击"下一步"按钮继续，如图 5-23 所示。

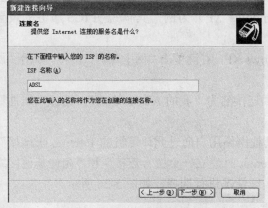
图 5-22　连接名

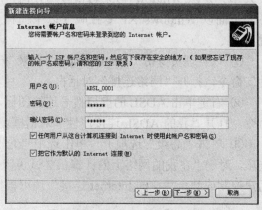
图 5-23　Internet 帐户信息

（8）最后出现程序完成画面，勾选上"在我的桌面上添加一个到此连接的快捷方式" 以便在桌面上创建此连接的快捷方式。单击"完成" 按钮如图 5-24 所示。

（9）这时，可以在桌面上看到图标，双击就出现拨号界面，确认用户名与密码正确后，单击"连接" 按钮开始拨号如图 5-25 所示。

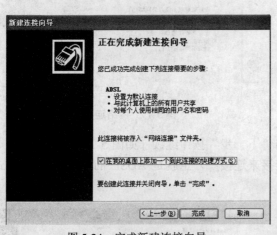

图 5-24　完成新建连接向导

图 5-25　连接 ADSL

2. 实现有服务器共享连接

所谓"有服务器共享"，是指网络环境中有一台计算机直接 ADSL Modem 连接上网，而其他计算机均通过它实现共享上网。

在这种网络环境中，直接与公网（也称外网）相连的计算机被称作"服务器"，其他计算机均被称作"工作站"。在设置共享上网之前，需要为每台计算机设定 TCP/IP 属性值。不管服务器和工作站使用的是哪一种操作系统，TCP/IP 属性值一般都设置为：服务器 IP 地址为"192.168.0.1"，子网掩码为"255.255.255.0"，DNS 和网关地址保持为空；工作站 IP 地址为"192.168.0.X"（"X"为 2～254 之间的任意整数，各工作站的"X"值不能相同），子网掩码为"255.255.255.0"，DNS 和网关地址为服务器的 IP 地址"192.168.0.1"。

由于这种解决方案只需要对服务器进行设置即可，因此以下所有操作，都在服务器端进行。服务器端设置完成之后，工作站端不需要再做任何设置，即可共享服务器上网。

利用 Windows 系统自带的 ICS 服务实现，ICS（Internet ConnectionSharing，Internet 连接共享）是除 Windows 95/NT 之外的所有 Windows 系统中自带的一种可实现共享上网的服务。下面以 Windows XP 专业版（以下简称 Windows XP）为例，具体说明 ICS 服务的设置过程：

① 以管理员身份（Administrator）登录 Windows XP，右键单击"网上邻居"图标，选择"属性"命令，打开"网络连接"对话框。

② 右键单击 ADSL 的虚拟拨号连接图标，如连接名为"我的 ADSL 连接"，选择"属性"命令，打开"我的 ADSL 连接属性"对话框。

③ 单击"高级"选项卡，单击选中"允许其他网络用户通过此计算机的 Internet 来连接"选项，对于"在我的网络上的计算机尝试访问 Internet 时建立一个拨号连接"和"允许其他网络用户控制或禁止共享的 Internet 连接"项可根据实际情况进行选择。如图 5-26 所示。

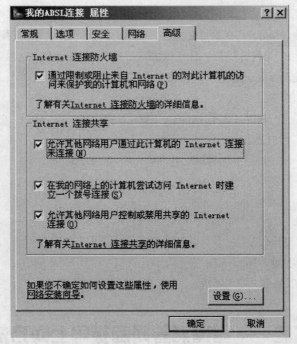

图 5-26　ADLS 设置

④ 单击"确定"按钮，此时系统会弹出一个对话框，询问："Internet 连接共享被启用时，LAN 适配器将被设置为使用 IP 地址 192.168.0.1。计算机可能会失去与网络上其他计算机的连接。如果这些计算机有静态 IP 地址，应该将它们设置成可以自动获取 IP 地址。确实需要启用 Internet 连接共享吗？"再单击"是"按钮即可设置成功。

本章主要学习内容

- 网卡、ADSL Modem、集线器和交换机的类型、基本工作原理
- 对等网的硬件安装和软件设置
- ADSL Modem 的硬件安装和软件安装

 练习五

1. 填空题

（1）网卡按网络的类型来分，有（　　）、令牌环网卡、ATM 网卡等。

（2）网卡按网络的传输速度来分，有 10Mb/s 的网卡、100Mb/s 的网卡和（　　）的网卡。

（3）ADSL Modem 可以分为以太网接口、PCI 接口和（　　）3 种类型。

（4）集线器依据带宽的不同，HUB 分为 10M、100M 和（　　）自适应三种；若按配置形式的不同可分为独立型、模块化和（　　）三种。

2. 选择题

（1）网卡的尾部接口有多种，用于星状网络中连接双绞线称为（　　）接口。

　　A. RJ11　　　　　B. RJ45　　　　　C. BNC　　　　　D. ST

（2）交换机根据工作协议层划分有第二层交换机、第三层交换机和（　　）交换机。

　　A. 第五层　　　　B. 第四层　　　　C. 第六层　　　　D. 第七层

（3）交换机根据网络覆盖范围分有（　　）交换机和广域网交换机。

　　A. 中心网　　　　B. 企业级　　　　C. 以太网　　　　D. 局域网

（4）ADSL 的最大理论上行速率可达到 1Mb/s，下行速率可达（　　）Mb/s，但目前国内电信为普通家庭用户提供的实际速率多为下行 512Kb/s。

　　A. 8　　　　　　B. 1　　　　　　C. 4　　　　　　D. 6

3. 简答题

（1）网卡对数据如何处理？

（2）ADSL 的工作流程是什么？

（3）叙述交换机的基本原理。

（4）什么叫 ADSL "有服务器共享" 连接？

实践一：组建对等网和拨号上网方法

1. 实践目的

（1）了解对等网组建方法。

（2）掌握拨号上网方法。

2. 实践内容

（1）连接网卡、集线器（或交换机）和双绞线组建局域网并进行参数设置。

（2）设置一台 ADSL Modem 主要参数，并连接有服务器的拨号共享上网。

第6章 计算机系统的维护

6.1 计算机的日常维护

计算机系统的维护和保养工作，是计算机使用过程中的一个重要环节。计算机系统能否正常运行、能否充分发挥系统的功能，为用户服务，除计算机本身的质量因素以外，主要取决于使用人员对机器的使用、维护和检修能力。因此，作为计算机系统的使用人员，要掌握一些必要的计算机维护知识。

6.1.1 计算机的使用环境

计算机使用环境是指计算机对其工作的物理环境方面的要求。一般的微型计算机对工作环境没有特殊的要求，通常在办公室条件下就能使用。一些基本的要求如下：

（1）环境温度。微型计算机在室温 15～35℃之间一般都能正常工作。若低于 15℃，则软盘驱动器对软盘的读写容易出错；若高于 35℃，则由于机器散热不好，会影响机器内各部件的正常工作。在条件允许的情况下，最好将计算机放置在有空调的房间内。

（2）环境湿度。在放置计算机的房间内，其相对湿度最高不能超过 80%，否则会由于结露使计算机内的元器件受潮变质，甚至会发生短路损坏机器。相对湿度也不能低于 20%，否则会由于过份干燥而产生静电干扰，引起计算机的错误动作。

（3）洁净要求。通常应保持计算机房洁净。如果机房内尘埃过多，灰尘附落在磁盘或磁头上，不仅会造成读写错误，而且也会缩短计算机的寿命。因此，在机房内一般应备有除尘设备。

（4）电源要求。微型计算机对电源有三个基本要求：一是电压要稳；二有可靠的地线；三是在机器工作时供电不能间断。电压不稳不仅会造成磁盘驱动器运行不稳定而引起读写数据错误，而且对显示器和打印机也会有影响。为了获得稳定的电压，对于电压不稳定的地方最好使用交流稳压电源。为防止突然断电对计算机工作的影响，服务器最好装备不间断供电电源（UPS），以便能使断电后继续工作一小段时间，使操作人员能及时处理完计算工作或保存好数据。计算机所用的插座要有可靠的地线否则机箱外壳会带电，会造成触电事故。计算机使用电源最好单独从线路中引出，不要与其他用电电器（如空调）等共用同一条线路，以防这些电器在启动时产生的电流对计算机造成损害。

（5）防止干扰。计算机的附近应避免磁场干扰，在计算机工作时，应避免附近存在强电设备的开关动作。因此，在机房内应尽量避免使用电炉、电视或其他的强电设备。

6.1.2 计算机硬件的维护

主机是计算机最重要的部分，平时应多加注意进行维护，主要可以从以下几个方面进行：

（1）开机前，要先对微机运行环境情况作一般检查，温度、湿度、清洁度是否正常；供电系统是否正常可靠，电压是否在规定范围之内；微机系统本身有无异常。确保无误后再开机运行。

（2）微机系统启动和运行过程中，应随时注意有无异常情况产生，其运行、应用过程（如软、硬盘、打印机自检、喇叭发声、自检等显示信息）是否正常，以便及早发现故障苗头，及时解决。

（3）开机和关机一定要严格按操作规程进行。主机不要频繁地启动、关闭。开机、关机要有 30s 以上的间隔，关机应注意先从应用软件环境退出，再从操作系统退出，以免丢失数据或引起软件损坏。

（4）微机用完后，要进行检查，一切正常方可关机待下次使用，注意要关掉所有设备的电源。

（5）注意微机系统硬件设备及其他设备的定期保养，如机器内部的除尘，一般用吸尘器或无水酒精进行擦洗；机械运动部件定期加注润滑油，防止因润滑不良引起的故障损坏机器，一般用缝纫机油即可；定期清洗磁头、打印头；检查各设备的连接电缆是否接触良好，有无损坏。

（6）长时间不用的微机系统，也要注意定期检查，保证正常的温度，湿度和清洁情况，定期通电检测运行，以驱除潮气，保证正常工作。

对微机系统进行故障诊断与检修是一项较为复杂而又细致的工作，除需要了解有关微机原理的基本知识外，还需要掌握一套正确的检修方法和步骤。

（7）不要轻易打开机箱，特别不能在开机状态下去接触电路板，那样可能会使电路板烧坏。

（8）开机状态不要搬运机器。避免硬盘的磁头碰到数据盘面上造成数据损坏。

6.1.3　系统软件的维护

对于软件故障，应先判断故障是属于系统故障，还是正在运行的应用程序故障，或者是否被病毒侵入了。一般情况下，系统程序比较稳定，出现故障的机率比较小。大部分故障是出于应用程序本身设计上的问题、兼容问题或操作问题，如没有按规定的软件环境打开、关闭应用程序，同时打开多个应用程序等。不要随意删除系统程序，打开一个应用程序时，最好把其他应用程序先关闭，这样不会引起系统冲突。

出现故障时，一般可以重新启动计算机试一试。应用程序经常出错时，最好重新安装一下程序。硬盘是用来存储计算机各种文件的主要存储设备，为了维护软件必须先要维护好硬盘。

硬盘的维护主要是使用要恰当，为保证磁盘工作的可靠性和硬盘的数据安全，在使用硬盘时应注意下面的事项：

（1）防止病毒破坏磁盘数据。应当至少准备一种杀毒软件，定期对硬盘进行检查。如果经常上网应当安装防火墙。

（2）不要频繁和随意地开关机，磁盘的频繁启动会增加故障率。不要将硬盘和软盘置于强磁场附近，否则可能造成数据丢失。

（3）硬盘工作指示灯未熄时不能关机

硬盘工作指示灯亮时，说明正在读写数据，此时如果突然断电最容易损伤盘面。所以应在指示灯熄灭后再关机。如果程序死循环，而硬盘灯常亮不熄，可以用热启动键 Ctrl+Alt+Del 或主机面板上的复位按钮 Reset 重新启动计算机，待机器正常且硬盘指示灯熄灭后再关机。磁盘是否在运行，可以从主机面板的小红灯是否亮或闪动判断出来。

（4）避免高温和高湿。

（5）有空可以经常运行 Windows 的"磁盘整理程序"和"磁盘扫描程序"。

（6）硬盘上的数据要常做备份，并进行病毒检查。同时，有重要数据的计算机要用 GHOST 等工具对磁盘分区表进行备份以防止分区表被破坏后不能恢复数据。

（7）不要拆卸硬盘，当发现硬盘有故障时，不要随意打开硬盘。因为在达不到超净 100 级以上的条件下拆开硬盘，空气中的灰尘就会进入盘内，当磁头进行读 / 写操作时，还将划伤。

6.2　微机系统的测试

6.2.1　HWiNFO 32 整机测试软件

HWiNFO32 的主界面非常简洁，如图 6-1 所示，与 Windows "系统工具"中"系统信息"界面差不多。下面的信息显示区域，分为左右两部分，左边是罗列了全部硬件的树型目录，从上至下依次是中央处理器、内存、主板、总线、视频适配器、监视器、驱动器、音频、网络以及端口 10 个信息类，而右边的信息显示框将会根据左边选择的硬件的不同而更换显示的信息。

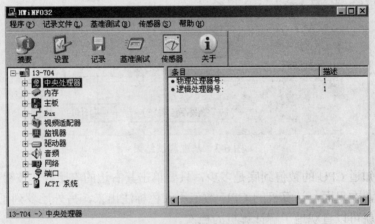

图 6-1　HWiNFO32 主界面

（1）显示硬件的信息。如想了解计算机的中央处理器详细信息，单击左边的中央处理器型号，右边列出计算机处理器的详细信息，如图 6-2 所示。

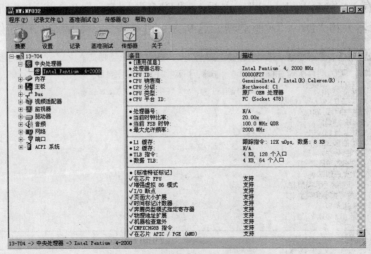

图 6-2　中央处理器的详细信息

（2）性能测试。单击"基准测试→基准测试"菜单命令，或者单击工具栏中的"基准测试"按钮开始计算机测试。这时程序会打开"选择基准执行"对话框，在该对话框中一共有 4 个选项，可以任意地选择，在测试前关闭所有正在运行的程序，然后单击"开始"按钮，让它开始自动检测硬件。

几秒钟后结果就出来了（如图 6-3 所示），在出现的对话框中已将硬件的性能数值罗列出来，如果不知道这些数值表示是什么意思，只需要单击每个数值右边的"比较"按钮，就可以通过比较了解计算机的性能。

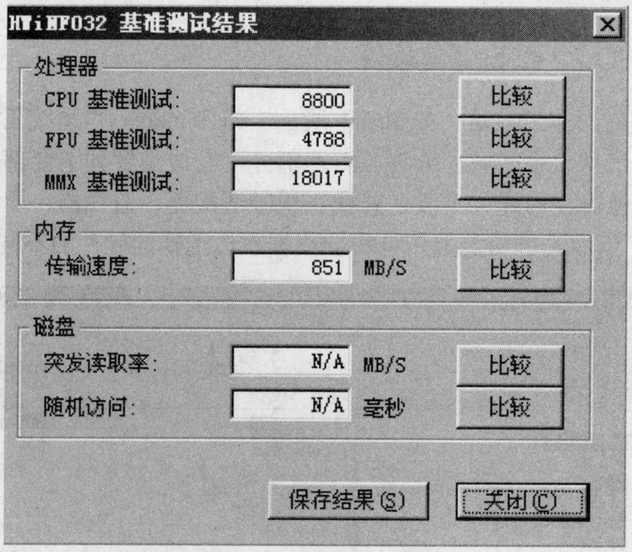

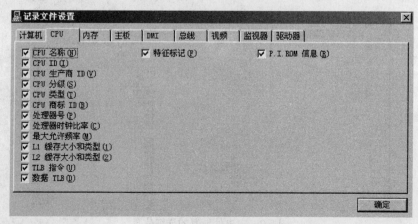

图 6-3　基准测试结果

例如，要想知道 CPU 的数值到底是多少，只要单击其右边的"比较"按钮，随后就会弹出一个信息显示框，在里面，计算机的 CPU 数值用红色标注出来，另外还罗列了其他 CPU 的属性值，通过比较就可以直观地了解计算机的档次。

测试数据存档保存。单击"记录文件→创建记录文件设置"菜单命令，或者直接单击工具栏上的"设置"按钮，这时就会弹一个对话框要求选择生成记录文件的内容设置。从这里可以清楚地看到（如图 6-4 所示），在 HWiNFO32 中可以对"Computer"（计算机）、"CPU"、"Memory"（内存）、"Motherboard"（主板）、"DMI"、"Bus"（总线）、"Video"（显卡）、"Monitor"（显示器）和"Drive"（驱动器）这 9 大类进行设置，可让存档中的信息更详细准确。

图 6-4　记录文件的设置

　　选择完毕，单击"确定"按钮，再单击"记录文件→创建记录文件"菜单命令，或者直接单击工具栏上的"记录"按钮，选择输出格式后在出现的对话框中对存档文件名和保存的路径进行选择，单击"浏览"按钮，可更改保存的位置。

　　最后单击"完成"按钮，HWiNFO32 即可自动生成测试数据文件，并保存至相应位置。

6.2.2　SysChk 硬件测试软件

　　SysChk 是一个系统测试工具软件，它的初始界面如图 6-5 所示。图的左边是测试的项目，右边是该项目的信息。下面介绍 SysChk 的主要功能和使用方法。

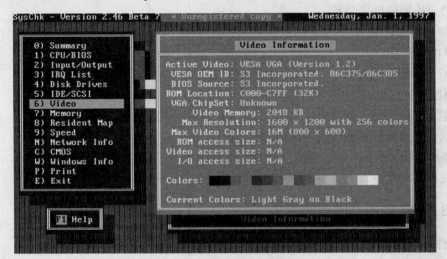

图 6-5　SysChk 测试软件的初始界面

　　（1）Summary（概括）：显示 CPU 类型及其速度、协处理器 NPU、ROM BIOS 创建日期、DOS 版本、基本内存、扩展内存、扩充内存总容量及其剩余容量、串行口与并行口的端口数、鼠标、键盘、软驱、显示器及硬盘的类型。

　　（2）CPU/BIOS（微处理器与 BIOS）：CPU 类型、工作模式与厂商、I/O 总线类型、BIOS 生产日期与生产厂商等。

　　（3）Input/Output（输入/输出）：串行口与并行口端口数及使用中断、键盘类型，CapsLock、ScrollLock、NumLock 键的状态，鼠标类型、声卡类型、端口类型、游戏接口等。

　　（4）IRQList（中断请求列表清单）：显示系统所有 IRQ（0～12）的使用情况。

　　（5）Disk Drives（磁盘设备）：显示磁盘类型、容量、磁道数、扇区数等。

　　（6）IDE/SCSI（IDE/SCSI 接口）：显示 IDE/SCSI 接口类型与版本号、硬盘容量、数据传输率、缓冲区大小、扇区读取方式、是否支持双字节传输等。

　　（7）Video（视频）：显示显示卡类型、生产厂商、Video BIOS 版本号、显示内存 VRAM 大小、颜色数等。

　　（8）Memory（内存）：显示基本内存、扩充内存、扩展内存容量及剩余容量、EMS 或 XMS 驱动程序版本号、DOS 是否安装在 HMA 中等。

　　（9）Resident Map（驻留程序映像）：在基本内存、Umbs 内存中驻留内存的映像、地址、DOS 环境块大小等。

　　（10）Speed（速度）：显示了 CPU 速度、显示器显示速度、硬盘传输率等。

　　（11）Network Info（网络信息）：网络类型、版本号、用户名等。

（12）CMOS（CMOS 信息）：显示 CMOS 时钟（日期、时间）、软驱类型、基本内存、扩展内存容量、CMOS 校验和（Check Sum）等。

（13）Windows Info（Windows 信息）：Windows 系统所在目录、Windows 所使用的驱动程序、是否使用 32 位磁盘传输方式等。

（14）Print（打印）：将以上测试情况打印出来。

SysChk 除了使用菜单方式检测系统信息，还可以使用命令行方式来直接检测某一项功能。可带的命令行参数如下。

/?：显示命令行格式及其参数；

/S：禁止检测硬盘控制器；

/V：禁止检测显示卡；

/I：禁止检测 IRQ；

/U：禁止检测 UMB；

/M：使用单色显示器检测系统信息；

/R：建立跟踪检测过程的记录文件 SYSCHK.REC；

/B：执行显示系统和磁盘的速度测试；

/F：将所有检测重定向输出到某一个指定文件中；

/N：在网络环境中，SysChk 检测报告可使用 ID 序号来定义。

6.2.3　操作系统和硬盘的优化

1．操作系统优化

一般地来说，用户在使用计算机过程中，不管是安装程序或运行程序都是工作在系统提供的默认状态下。在这种方式下系统可以正常工作，但没有使系统的性能充分发挥出来，这就需要对系统进行优化处理。下面介绍系统优化中常用的措施：

（1）整理系统软件

Windows 2000/XP 是一个集成化的系统，自身包含许多各种各样的组件和套件，其实这里面有很多东西都用不上，所以安装最好是选择"典型安装"或"自定义安装"，没有必要将整个系统全都安装。如果已安装好系统，可用"控制面板"上的"增加/删除程序"栏中的"安装Windows"选项，以确定只留下必要的选项。如删除 Fonts 文件夹中不使用的英文字体（一定要保留 Times New Roman 和 Marlett 等字体，否则系统的基本字体会发生紊乱），为了节约资源。也可以删除 Help 文件夹和 Windows 的 Welcome 教程等。

（2）精简应用软件

其实许多集成软件中的一些功能一般用户用不到，所以大家在安装集成应用软件时一定要根据自己的需要对其进行取舍，没有必要将所有的组件都安装起来。如不少应用软件自带字库，用户在享受丰富多彩的字形字体时，也承受着硬盘的巨大浪费，因为每种字库都占用了大量硬盘空间，而有些字体用户可能一次也没用过。因此在安装时一定要注意按自己硬盘的大小空间来选择装载合适的字库。

Office 是大家在 Windows 2000/XP 中常用到的集成软件包，它里面主要包含了 Word、Excel、PowerPoint、Access、FrontPage 五大应用软件，以及 Outlook 和 Office 小工具等其他附属软件。很多人在安装 Office 2000/2003 时往往因怕麻烦而选择了"典型安装"模式，结果 Office 2000 安装完后，可能经常用到的只是 Word 和 Excel，而 PowerPoint、Access、FrontPage 则暂时用不到，但经过"典型安装"后，它们自动进入你的系统，占据了很大的一部分空间。因此在安装时应首先确定自己需要哪一些功能，然后选择"自定义安装"，这样可省下空间。同时 Word 和 Excel 中也有不少东西是可以删除的，例如 Word 自带的一些范例文件可能对你没有什么用处，而且 Exchange 内的 Wordmail 组件也可以删除；另外 Excel 中的 Microsoft Map 和一些范例你若认为用处不大，也可以删除它们并不会影响系统运行。

（3）删除不必要的"自启动"程序

所谓"自启动"程序，就是那些未经用户同意，启动时自动加载的程序。其中有相当一部分可以简化用户的操作，但也有许多"自启动"程序白白占用系统资源，却很少使用或不用，甚至有些"自启动"程序会导致系统性能下降，所以必须将不必要的"自启动"程序删除以提高系统性能。

（4）减小回收站空间

系统默认的回收站最大空间为驱动器大小的 10%，目前大容量硬盘空间多为 60GB 以上，那么它的 10%至少为 6000MB，这个空间是相当可观的，而这部分空间却被浪费。我们可以通过减小回收空间回收可利用的硬盘空间。具体操作如下：

右击回收站，在弹出的快捷菜单中选择"属性"选项，在"回收站属性"对话框中，移动滑块，使回收站最大空间的百分比降低到 2%~3%，这样就使可用的硬盘空间增大。

（5）提高系统性能

使用 Windows XP 的"调整为最佳性能"功能，可以让系统减轻大量加载界面的压力，从而可以使系统运行速度有效提高。减少应用软件的安装数量和彻底清除软件的卸载残余、减少软件的启动项占用，都可以使系统在启动时、关机时的速度得到大幅提高。尽可能地减少外置硬件设备也可以使系统启动速度提高。

（6）优化虚拟内存

通常按物理内存的 1~2 倍来设置虚拟内存比较合适：拥有 128MB 物理内存的用户可以将虚拟内存设置为 256MB；拥有 192MB 或 256MB 物理内存的用户可以将虚拟内存设置为 384MB；拥有 256MB 以上物理内存的用户可以按 1:1 的比例来设置虚拟内存。

设置虚拟内存的方法是：在 Windows XP"控制面板"中打开"系统属性"对话框，选择"高级"选项卡，单击"性能"下的"设置"按钮，系统会弹出"性能选项"对话框，选择"高级"选项卡，单击"虚拟内存"下的"更改"按钮，弹出"虚拟内存"对话框。先用鼠标选中"驱动器"下放置虚拟内存的盘符，再接下来在"所选驱动器的页面文件大小"下面选中"自定义大小"，然后根据自己实际物理内存的大小，手工直接输入虚拟内存的"初始大小"和"最大值"即可。

（7）合理设置环境变量

Windows XP，操作系统会自己设置好环境变量，对某些环境变量进行合理的更改可以有效管理临时文件，调节磁盘空间，从而加快系统的运行速度。

在"控制面板"中打开"系统属性"对话框，选择"高级"选项卡，单击其左下角的"环境变量"按钮。

由于在 Windows XP 中一般都以用户的身份登录，因此在"环境变量"对话框中只需更改用户变量即可。"TEMP"和"TMP"是系统最常用的临时文件的系统变量，默认情况下往往被设置在操作系统安装盘的用户目录下，这样不仅每次清空它们时需要从较多的子目录中去寻找，而且由于它们和操作系统本身在一个分区上，大量的读写操作会影响操作系统本身的效率。可以把这两个目录指向操作系统安装盘以外的某个分区根目录，方法是：先用鼠标左键单击选中

"TEMP"（或"TMP"），然后单击"编辑"按钮，在弹出的对话框中将变量值（即默认的临时文件路径）改为需要的内容（如操作系统安装在 D 盘，就可以在此输入"F/temp"）即可。

经过对操作系统的优化，微机的性能能得到较大幅度的提高。

2. 硬盘优化

硬盘作为数据的存储设备，日常的管理非常重要。由于管理和使用不当造成硬盘数据混乱、系统运行效率低下和重要数据丢失的例子比比皆是，有时损失甚至远远超过硬盘本身的价值。所以对于用户来说，如何在平常的使用中充分利用和精心保养硬盘，是用好电脑的关键。

下面介绍在 Windows XP 的界面下，几种硬盘的优化方法。通过系统对硬盘进行一些优化，不仅可以大幅度地提高硬盘的性能，而且对于延长硬盘的使用寿命也有一定的效果。

（1）打开硬盘的 DMA 传输模式

打开硬盘的 DMA（直接存储器存取）传输模式不仅能提高传输速率（读写硬盘时一般不会先有一阵声响），而且还会降低硬盘读写时对 CPU 时间的占用。整个系统的效率也就得以提高了。

一般情况下，DMA 传输模式是自动打开的。但对于自己组装的机器也有可能没有把 DMA 传输模式打开。所以不妨看看自己机器的 DMA 传输模式是否打开了，如果没有打开，就在"设备管理器"中用手动将其打开。操作方法是：

① 从"我的电脑"的快捷菜单中选择"属性"；
② 在"系统属性"对话框中选择"硬件"选项卡；
③ 单击"设备管理"按钮（打开了"设备管理器"窗口）；
④ 在"设备管理器"窗口中展开"IDEATA/ATAPI 控制器"项；
⑤ 从"IDE 通道"的快捷菜单中选择"属性"；
⑥ 在"高级设置"选项卡中进行设置。

（2）取消硬盘的自动关闭功能

Windows 系统为了防止电脑"空转"（在一定时间内没有对硬盘进行任何读、写操作）过久而损坏显示器和硬盘，就规定"空转"一定的时间后会自动关闭显示器和硬盘。

硬盘的自动关闭功能对于小内存的电脑确实是有好处的，但对于拥有 128MB、256MB 或者更大内存的电脑而言，不但没有什么益处，有时甚至是有害的。比如，您在内存为 256MB 的电脑做某件事情，软件启动以后就不会再读、写硬盘了，这样到了规定的时间系统就会认为硬盘在"空转"而将硬盘关闭，等您把工作做完再回到桌面时就可能会因为硬盘处于关闭状态而死机。这无论是对于系统还是对于硬盘都是不利的，所以在这种情况下我们应该取消硬盘的自动关闭功能。操作方法是：

① 打开"控制面板"中的"电源选项"对话框；
② 在"电源使用方案"选项卡中将"关闭硬盘"的时间设置为"从不"。

（3）定期清理垃圾文件

大多数软件（系统软件或应用软件）在运行期间都会建立一些临时文件，如果软件正常结束，则它会清除那些临时文件，如果异常结束，则那些临时文件就会留在硬盘上成垃圾文件。所以，任何系统，只要在使用文件，硬盘上就会有垃圾文件，使用的愈久，垃圾文件就愈多。如果长时间不清理，可能会积累成百上千个垃圾文件。

硬盘上的垃圾文件通常不会占用太大的存储空间，但如果数量庞大，就会产生大量的磁盘碎片，这不仅会使文件读写的速度变慢，也会影响硬盘的使用寿命（硬盘的读写次数增多了）。所以我们对硬盘的各种垃圾文件应该定期进行清理。

清理垃圾文件可以手工进行。例如，卸载了一个软件之后，立即将该软件残留的文件夹删除掉，并且查一查注册表，把系统文件夹中那些不再有软件使用的垃圾 DLL 文件也删除掉；一个软件运行时死机了，重新启动后将其文件夹中残留的临时文件删除掉。虽然手工也能清除垃圾文件，但效率太低，而且需要有一定的经验，不是每一个人都能办到的。所以最好使用工具软件进行这项工作。

能够清除硬盘上垃圾文件的软件有许多。例如，"完美卸载"以及其中附带的"硬盘垃圾清理工具"。该软件不仅操作方法简单、扫描速度快，而且扫描垃圾文件的类型也非常多。

（4）将虚拟内存设置为固定值

磁盘碎片的增多会影响硬盘的使用寿命。将虚拟内存设置为固定值，也可以减少系统所在盘上磁盘碎片的产生。

在默认状态下，系统是根据磁盘剩余空间的大小来动态设定虚拟内存的大小，这样就会造成虚拟内存的大小经常发生变化，这种变化就会产生磁盘碎片。系统默认是将虚拟内存放在系统盘上，为了防止系统盘产生大量的磁盘碎片，可以将虚拟内存设置固定值（该值在物理内存的 1.5～3 倍之间为宜），而且如果硬盘有两个以上分区，最好将虚拟内存改放到非系统盘（分区）上。

（5）设置适当的磁盘缓存

磁盘缓存的大小会直接影响几乎所有软件（系统软件或应用软件）的运行速度和性能。在默认状态下，是由 Windows 自己管理的，它通常很保守，不启用磁盘缓存，因此硬盘性能不能得到充分地发挥。所以我们可以自己动手来设置磁盘缓存，以提高硬盘性能。

（6）定期检查硬盘的"健康"状况

磁盘健康医生（Drive Health）的软件，可以帮助用户了解自己硬盘的健康状况。该软件能很直观的告诉用户：硬盘很健康（没有衰老迹象），或者硬盘已经开始衰老了，或者硬盘的生命之火快要熄灭了。于是，用户能在硬盘寿终正寝之前将数据安全转移，从而避免损失。

3. 系统优化软件

利用系统优化软件能很好地优化计算机系统，如 Windows 优化大师、超级兔子魔法（Magic Set）是功能非常强大的优化软件。

6.3　病毒防治

6.3.1　常见病毒的种类及危害

1. 常见病毒种类

就目前来说，按照病毒的寄生方式，计算机病毒基本上可分为四类，即引导区型、文件型、混合型和宏病毒。

（1）引导区病毒。由于病毒隐藏在软盘的第一扇区，使它可以在系统文件装入存储器之前，先进入存储器，从而使它获得对操作系统扰乱的完全控制，这就使它得以传播和造成危害。

这些病毒常常用它们的程序内容替代 MBR 中的源程序，又移动扇区到软盘的其他存储区。清除引导区病毒可以通过用一个没有被侵染病毒的系统软盘来引导计算机，而不是用硬盘来启动，或是找到原始的引导区，并把它放进软盘上的正确位置。

（2）文件病毒。文件病毒主要是感染文件。这类病毒通常感染带有 COM、EXE、DRV、BIN、

OVL、SYS 扩展名的可执行文件。当它们激活时，感染文件又把自身复制到其他可执行文件中，并能在存储器里保存很长时间，直到病毒又被激活。

（3）混合病毒。混合病毒有引导区病毒和文件病毒两者的特征。

（4）宏病毒。按照美国"国家计算机安全协会"的统计，宏病毒目前占全部病毒的 80%。在计算机历史上它是发展最快的病毒。宏病毒同其他类型的病毒不同，它不特别关联于操作系统，它能通过电子邮件、软盘、Web 下载、文件传输和应用程序等途征很容易蔓延。

2. 病毒的危害

破坏性：计算机病毒的破坏性主要取决于计算机病毒的设计者。一般来说，凡是由软件手段能触及到计算机资源的地方，都有可能受到计算机病毒的破坏。事实上，所有计算机病毒都存在着共同的危害，即占用 CPU 的时间和内存开销，从而降低计算机系统的工作效率。严重时，病毒能够破坏数据或文件，使系统丧失正常的运行能力。

潜伏性：计算机病毒的潜伏性是指其依附于其他媒体而寄生的能力。病毒程序大多混杂在正常程序中，有些病毒可以潜伏几周或几个月甚至更长时间而不被察觉和发现。计算机病毒的潜伏性越好，在系统中存在的时间就越长。

可触发性：计算机病毒程序一般包括两个部分，传染部和行动部。传染部的基本功能是传染，行动部则是计算机病毒危害的主体。计算机病毒侵入后，一般不立即活动，需要等待一段时间，在触发条件成熟时才会作用。在满足一定的传染条件时，病毒的传染机制使之进行传染，或在一定条件下激活计算机病毒的行动部使之干扰计算机的正常运行。计算机病毒的触发条件是多样化的，可以是内部时钟、系统日期、用户标识符等。

传染性：对于绝大多数计算机病毒来讲，传染是它的一个重要特性。在系统运行时，病毒通过病毒载体进入系统内存，在内存中监视系统的运行并寻找可攻击目标，一旦发现攻击目标并满足条件时，便通过修改或对自身进行复制链接到被攻击目标的程序中，达到传染的目的。计算机病毒的传染是以带毒程序运行及读写磁盘为基础的，计算机病毒通常可通过软盘、硬盘、网络等渠道进行传播。

6.3.2 病毒防治的一般方法

对于计算机病毒，主要采取以"防"为主，以"治"为辅的方法。阻止病毒的侵入比病毒侵入后再去发现和排除它重要得多。预防堵塞病毒传播途径主要有以下措施：

（1）应该谨慎使用公共和共享的软件，因为这种软件使用的人多而杂，所以它们携带病毒的可能性较大。

（2）应尽量不使用办公室外带来的软盘，特别是在公用计算机上使用过的软盘。

（3）密切关注有关媒体发布的反病毒信息，特别是某些定期发作的病毒，在这个时间可以不启动计算机。

（4）写保护所有系统盘和文件。

（5）提高病毒防范意识，使用软件时，尽量用正版软件，尽可能不使用盗版软件和来历不明的软件。

（6）除非是原始盘，绝不用软盘去引导硬盘。

（7）不要随意复制、使用来源不明的软盘、光盘。对外来盘要查、杀毒，确认无毒后再使用。自己的软盘也不要拿到别的计算机上使用。

（8）对重要的数据、资料、CMOS 以及分区表要进行备份，创建一张无毒的启动软盘，用于重新启动或安装系统。

（9）在计算机系统中安装正版杀毒软件，定期用正版杀毒软件对引导系统进行查毒、杀毒，建议配备多套杀毒软件，各种杀毒软件都有自己的特点，用杀毒软件进行交叉杀毒则可以确保杀毒的效果，对杀毒软件要及时升级。

（10）使用病毒防火墙。病毒防火墙具有实时监控的功能，能抵抗大部分的病毒入侵。很多杀毒软件都带有病毒防火墙功能。但是计算机的各种异常现象，即使安装了"防火墙"系统，也不要掉以轻心，因为杀毒软件对未知的病毒也是无可奈何的。

（11）对新搬到本办公室的计算机"消毒"后再使用。绝不把用户数据或程序写到系统盘上。绝不执行不知来源的程序。

（12）如果不能防止病毒侵入，那至少应该尽早发现它的侵入。显然，发现病毒越早越好，如果能够在病毒产生危害之前发现和排除它，则可以使系统免受危害；如果能在病毒广泛传播之前发现它，则可以使系统中的修复任务较容易。总之，病毒在系统内存在的时间越长，产生的危害就越大。

（13）对执行重要工作的机器要专机专用，专盘专用。

6.3.3　常见杀毒软件

1．瑞星杀毒软件 2007

瑞星杀毒软件 2007 有个人安全产品和企业安全产品两大类。瑞星个人防火墙界面如图 6-6 所示。

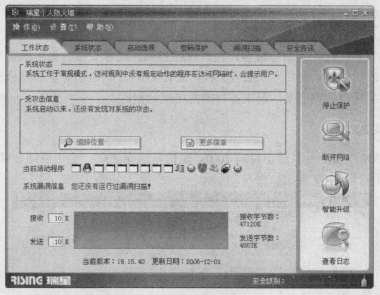

图 6-6　瑞星个人防火墙界面

个人安全产品主要有瑞星杀毒软件 2007 单机版、瑞星杀毒软件下载版、瑞星个人防火墙下载版、瑞星杀毒防火墙组合版、瑞星在线杀毒、瑞星反垃圾邮件软件、瑞星杀毒软件手机版、瑞星卡卡上网安全助手 3.0、瑞星免费在线查毒和流行病毒专杀工具等产品。

企业安全产品主要包括瑞星网络版杀毒软件和瑞星网络安全产品，瑞星网络版杀毒软件主要有高级企业版、企业版、中小企业版、高级行业版和行业专用版等版本，瑞星网络安全产品主要有防毒墙、网络安全预警系统、防毒墙软件中间件和防火墙等软件。

下面介绍企业安全产品的主要功能与特点：

（1）超级管理中心（高级企业版、高级行业专用版）

全新打造的超级管理中心，针对复杂的多级企业网络，在中心控制台上以清晰的层次显示多级网络系统反病毒部署状态，可对任意下属网络进行管理设置、分组、杀毒、升级等操作，实现多层、多级网络系统的跨级统一管理和网络安全控制。

（2）第八代虚拟机脱壳引擎

首创"虚拟机脱壳"杀毒引擎，该引擎基于瑞星自主知识产权、历时4年开发的商用虚拟机技术，大幅提高了查杀加壳变种病毒能力，查杀速度快、对系统资源占用少，病毒库比传统软件减小了1/3，综合技术指标处于世界领先水平。

（3）增强型全网漏洞管理

集成强悍的漏洞扫描系统，全面嗅探网络漏洞、系统不安全设置等，并自动完成补丁程序分发。该管理模块可以将所有漏洞及不安全信息即时分类统计、汇总、备份，让管理员全面掌握、即时修补网络系统内所有漏洞。

（4）智能化"组策略"管理系统

首创智能化的"组策略"管理系统，按照机器名、IP和操作系统等特征，将当前网络环境中的计算机自动进行逻辑分组，并采取不同的安全设置。通过相应的授权赋予每个管理员不同的职能，有效地提高网络安全管理效率。

（5）兼容多种平台

率先支持微软64位Windows平台，支持各种主流Windows、UNIX、Linux平台，完全适应多操作系统的复杂网络环境。携手华为3COM、思科、迈普等硬件厂商，率先推出软、硬件结合的安全解决方案。

（6）一体化智能服务体系

百余名网络安全工程师为企业级客户提供产品咨询、技术支持、售后服务及数据修复等服务。依靠强大的呼叫中心系统和客户服务平台，配合7x24小时新病毒应急响应部门，在最短时间内为企业提供新病毒处理方案，解决各种的网络安全问题。

2. 金山毒霸2007

金山毒霸2007主要产品有金山毒霸2007、金山反间谍2007、金山网镖2007和金山漏洞修复2007等。金山毒霸2007界面如图6-7所示。

图6-7　金山毒霸2007界面

金山毒霸 2007 主要功能：

（1）实时升级

解决了防毒最关键的"及时性"问题。一旦重大病毒爆发，在新的病毒特征库更新到服务器后，所有安装金山毒霸 2007 的在线用户计算机会在 30 分钟甚至更短的时间内被通知自动连接服务器进行升级，确保用户及时获得最新的病毒特征库，第一时间保障用户计算机的安全。

（2）抢先启动防毒系统

实现了对用户从头开始的全程防护。金山毒霸 2007 通过对操作系统的所有文件、网页、电子邮件、光盘、移动储存设备、各种聊天工具、下载以及其他各种进出电脑的文件、程序进行全方位的整体监控，可保障在 Windows 未完全启动时开始保护用户的计算机系统。早于一切开机自运行的病毒程序，更有效地拦截随机加载的病毒，使用户避免"带毒杀毒"的危险。

（3）主动漏洞修复

确保用户的操作系统随时保持最安全状态，避免病毒利用该漏洞侵入系统。该功能可扫描操作系统及各种应用软件的漏洞，当新的安全漏洞出现时，金山毒霸 2007 会下载漏洞信息和补丁，经扫描程序检查后自动帮助用户修补。

（4）垃圾邮件过滤

采取全新的垃圾邮件过滤引擎，采用全新算法、内置大量垃圾邮件规则，大大提高了对垃圾邮件的识别率，并且可支持 Outlook、Outlook Express、Foxmail 等多种邮件客户端程序。改进的邮件监控同时也支持多端口同时收发邮件（如 110、25、725 等），便于管理使用不同端口收发邮件的不同邮箱。

（5）隐私保护

保护用户重要的私密数据（如银行帐号、信用卡号，网游帐号）等，一旦木马或间谍软件试图通过邮件盗取这些数据，金山毒霸 2007 会报警并提示用户，确保用户的重要数据不会外泄（此功能支持被各种格式编码后的邮件）。

3. 江民杀毒软件 KV2007

江民杀毒软件 KV2007 界面如图 6-8 所示。

图 6-8　江民杀毒软件 KV2007

　　江民杀毒软件 KV2007 具有反黑客、反木马、漏洞扫描、垃圾邮件识别、硬盘数据恢复、网银网游密码保护、IE 助手、系统诊断、文件粉碎、可疑文件强力删除、反网络钓鱼等十二大功能，为保护互联网时代的电脑安全提供了完整的解决方案。产品具有以下八大新技术：

　　（1）新一代智能分级高速杀毒引擎

　　江民杀毒软件 KV2007 新增新一代智能分级高速杀毒引擎，可对目前互联网盛行的病毒、木马、流氓软件、广告软件等进行分类查杀，新智能分类引擎杀毒速度更快，运行更稳定，效率更高。智能分级高速杀毒引擎是由江民科技自主研发的全新杀毒引擎，该引擎将杀毒软件核心组件和病毒库等模块进行重新规划细分，每一个模块都可独立维护和升级，大大增强了软件的稳定性能和下载速度，是对杀毒引擎的一次创新性改革。

　　（2）新一代未知病毒主动防御系统

　　增强未知病毒主动防御系统综合了病毒共同特征，基于病毒行为检测和处理病毒。可检测绝大部分未知病毒和可疑程序，并支持手工添加样本库和黑白名单。

　　（3）新一代流氓软件清除

　　该款新品最大的亮点在于 KV2007 新增了流氓软件清除功能，借助该功能用户可以完全、干净地卸载"流氓软件"，彻底告别"流氓软件"骚扰。

　　（4）新一代 BootScan 系统启动前杀毒

　　BootScan 系统启动前杀毒是江民杀毒软件首创的新型杀毒技术，早在 KV2006 中就已经得到应用并受到广大电脑用户的广泛好评，新一代 BootScan 系统启动前杀毒新增了全中文菜单式操作界面功能更强大，操作更简便了。

　　（5）新一代系统级行为监控

　　KV2007 新增功能中另一大亮点无疑是系统行为监控了，全新推出系统级行为监控，从注册表、系统进程、内存、网络等多方面对各种操作行为进行主动防御并报警，全方位保护系统安全。

　　（6）自升级光盘启动杀毒

　　江民杀毒软件 KV2007 光盘还有一个特殊功能，如果用户电脑一旦系统崩溃，可以使用 KV2007 安装光盘从光驱启动电脑，启动电脑后杀毒软件会主动调用新病毒库进行对电脑进行全盘杀毒。

　　（7）新一代安全助手

　　KV2007 的另一大亮点是安全助手。安全助手具有反 IE 劫持、禁止弹出广告、清除上网痕迹以及插件管理等功能，这样许多上网时常用的问题都可迎刃而解。

　　（8）新一代文件粉碎功能和重启动删除

　　KV2007 新增文件粉碎功能，对需要彻底清除的文件进行不可恢复式粉碎，保护机密信息不外泄。针对目前许多病毒文件采用了进程保护技术，正常模式下很难手工删除，江民杀毒软件 KV2007 在右键菜单中新增了重启删除可疑文件功能，重启删除正常模式下无法删除的可疑文件，方便高级用户手工清除病毒。

　　此外，针对目前一些 ROOTKIT 类可以隐藏进程和注册表键值的疑难病毒，KV2007 新增了"进程查看器"和"查找被病毒隐藏的文件"以及"查找被病毒隐藏的注册表项"的新功能，配合使用这三项功能，ROOTKIT 类病毒将愿形毕露，轻松解决。

本章主要学习内容

● 计算机的使用环境
● 计算机硬件和系统软件的维护
● HWiNFO 32 整机测试和 SysChk 硬件测试软件的使用
● 操作系统和硬盘的优化
● 常见病毒的种类及危害
● 病毒防治的一般方法
● 常见杀毒软件（如瑞星杀毒软件 2007、金山毒霸 2007 和江民杀毒软件 KV2007）的功能和使用

 习题六

1. 填空题

（1）微型计算机对电源有三个基本要求：一是电压要稳；二有（　　）；三是在机器工作时供电不能间断。

（2）磁盘碎片的增多会影响硬盘的使用寿命，将虚拟内存设置为（　　），也可以减少系统所在盘上磁盘碎片的产生。

（3）就目前来说，按照病毒的寄生方式，计算机病毒基本上可分为四类，即（　　）型、文件型、（　　）型和宏病毒。

（4）混合病毒有（　　）病毒和（　　）病毒两者的特征。

（5）瑞星杀毒软件 2007 有（　　）产品和（　　）产品两大类。

2. 选择题

（1）微型计算机在室温（　　）之间一般都能正常工作。

　　A. 8～30℃　　　　B. 5～33℃　　　　C. 15～35℃　　　　D. 10～38℃

（2）文件型病毒当它们激活时，感染文件又把自身复制到其他（　　）文件中，并能在存储器里保存很长时间，直到病毒又被激活。

　　A. 可执行　　　　B. Worm　　　　C. 压缩　　　　D. 二进制

（3）计算机病毒依附于其他媒体而寄生的能力称为（　　）。

　　A. 破坏性　　　　B. 潜伏性　　　　C. 传染性　　　　D. 可触发性

3. 简答题

（1）瑞星网络版杀毒软件主要有哪些版本？
（2）金山毒霸 2007 主要产品有哪些？
（3）金山毒霸 2007 抢先启动防毒系统的含义？
（4）江民杀毒软件 KV2007 具有哪些功能？

实践一：微型机测试软件的使用和操作系统以及硬盘优化方法

1. 实践目的

（1）掌握微型机硬件测试软件的使用方法。

（2）学会操作系统和硬盘的优化方法。

2. 实践内容

（1）能下载最新版本的二种硬件测试软件并进行测试。

（2）上网查找优化操作系统和优化硬盘的资料并对操作系统和硬盘进行优化操作。

实践二：微型机杀毒软件的使用

1. 实践目的

（1）掌握微型机典型病毒的特征。

（2）学会常用杀毒软件的使用。

2. 实践内容

（1）上网查找典型病毒的特征。

（2）能下载最新版本二种杀毒软件并进行运行杀毒。

第7章 计算机系统的维修

7.1 微型计算机系统的故障分析和检测方法

微型机在使用过程中，因为各种原因会出现整机或某个部分不能正常使用的情况，这种现象称为微型机故障。微型机的故障的诊断和排除就是计算机维修过程。计算机由硬件系统和软件系统构成整体的计算机系统。一般称硬件系统的故障为硬故障，软件系统的故障为软故障。计算机的维修要不断实践并认真总结经验，同时需要正确的分析判断方法和掌握正确的检测方法。

7.1.1 微型计算机系统故障形成的原因

从微机产生故障的原因和现象，我们可将常见故障分为硬件故障、软故障、外界干扰引起的故障、病毒故障、人为故障五大类。

1. 硬件故障

计算机的硬件故障是由于组成计算机系统部件中的元器件损坏或性能不良而引起的，主要是指由于系统的器件物理失效，或其他参数超过极限值所产生的故障。如元器件失效后造成电路短路、断路；元器件参数漂移范围超过允许范围使主频时钟变化；由于电网波动，使逻辑关系产生混乱等。

（1）元器件损坏引起的故障

微机中，各种集成电路芯片、电容等元器件很多。若其中有功能失效、内部损坏、漏电、频率特性变坏等，微机就不能正常工作。

（2）制造工艺引起的故障

焊接时，虚焊、焊锡太近、积尘受潮时漏电、印刷板金属化孔阻变大、印刷板铜膜有裂痕、日久断开、各种接插件的接触不良等工艺引起的故障。

（3）疲劳性故障

机械磨损是永久性的疲劳性损坏（如打印针磨损、色带磨损、磁盘、磁头磨损、键盘按键损坏等）。

电气、电子元器件长期使用的疲劳性损坏（如显像管荧光屏长期使用或过亮、发光逐渐减弱、灯丝老化；电解电容时间过久电解质干涸；集成电路寿命到期；外部设备机械组件的磨损等）。

（4）机械故障

机械故障通常主要发生在外部设备中，而且这类故障也比较容易发现。

系统外部设备的常见机械故障有：

● 打印机断针或磨损，色带损坏，电机卡死，走纸机构不灵等。

- 软盘驱动器磁头磨损或定位偏移。
- 键盘按键接触不良、弹簧疲劳致使卡键或失效等。

（5）存储介质故障

这类故障主要是由软盘或硬盘磁介质损坏而造成的系统引导信息或数据信息丢失等原因造成的故障。

2. 软故障

由于操作人员对软件使用不当，或者是因为系统软件和应用软件损坏，致使系统性能下降甚至"死机"，我们称这类故障为软故障。

对微机操作人员来说，系统因故障停机是经常遇到的事情。其原因除极少数是由于硬件质量问题外，绝大多数是由于软故障造成的。除计算机病毒会造成系统软故障外，多数情况还是由于系统配置不当，或系统软件和应用软件损坏造成的"死机"。

常见的软故障及产生原因有以下几种：

（1）DOS 版本不兼容

使用了不兼容的 DOS 版本，使系统文件发生混乱、损坏，应用软件不能使用，甚至不能引导 DOS 系统。

（2）系统配置错误

包括 CMOS 中参数的设置错误，以及系统配置文件 Win.ini 等出错或文件丢失。

系统设置错误是引起微机不能正常启动的原因之一。就是勉强能够启动机器，也会直接影响系统的正常运行和系统效率的发挥。

（3）硬盘设置不当或使用不当

硬盘由于其体积小、容量大、速度快、工作可靠和对环境要求不高等优点，多数微机均有配置，如果使用不当，机器不能正常工作，甚至会造成不应有的数据丢失。

硬盘常见的错误是：硬盘参数配置不当（包括 CMOS 中的硬盘参数配置出错），主引导扇区、分区表、文件目录表信息损坏或丢失，以及硬盘上的 DOS 系统文件故障等。

还有一种情况是，当对 CMOS 中的硬盘参数设置后系统能够正常运行，但机器断电后再开机不能启动系统，这往往是因专供存储设置信息的 CMOS 集成电路工作的电池耗完或电池供电电路故障所致。

3. 外界干扰引起的故障

（1）电磁波干扰引起的故障

交流电源附近电机起动及停止，电钻等电器的工作，都会引起较大的电磁波干扰。另外，布线电容、电感性元件也会引起电磁波干扰，从而使触发器误翻转，造成错误。

（2）电压不稳干扰

由于市电供应存在高峰期和低谷期，电压不稳定容易对计算机电路和器件造成损害。另外，如果突然停电，可能造成计算机内数据的丢失，严重时还会造成计算机系统不能启动。所以对计算机进行电源保护势在必行。在规定时间内必须使用的计算机或具有重要用途（如服务器）的应配备可长期工作的 UPS，保证计算机的正常使用。

（3）周围环境不良引起的故障

- 温度。一般计算机应工作在 10~30℃环境下。通常正规的机房都安装有空调设备。
- 湿度。机房应保持通风良好，湿度不能过高，否则计算机内的线路板很容易腐蚀，使板卡过早老化报废。正规机房应安装通风设备。

● 粉尘。由于计算机组成各部件非常精密，如果有较多粉尘存在，就有可能堵塞计算机的各种接口，使计算机不能正常工作。

（4）静电

静电有可能造成计算机芯片的烧毁，在打开计算机机箱前应当用手接触暖气管或水管等可以放电的物体，防止静电造成芯片的损坏。为防止静电对计算机的损害，应在安放计算机时将机壳用导线接地，可以起到很好的效果。

（5）振动和噪音

计算机不能工作在震动和噪音很大的环境中，因为震动和噪音会造成计算机中部件的损坏，如造成硬盘的损坏或数据丢失。如果确实需要将计算机设置在震动和噪音大的环境中，应考虑安装防震/隔音设备。

4. 病毒故障

病毒故障是由于计算机病毒而引起的微机系统工作异常。此种故障虽可用硬件手段、消毒软件和防病毒系统等进行预防和解毒，但由于病毒的隐蔽性和多样化，使得对其产生和发展趋势很难预测和估计。

据美国电脑安全协会（NCSA）统计，目前登记在案的病毒已超过 50000 种，要是算上各种病毒的变种就更多了，且新的病毒还在以每月 50 种以上的速度蔓延。这些病毒类型不同，对计算机资源的破坏也不完全一样。它们可通过不同的途径潜伏或寄生在存贮媒体（磁盘、内存）或程序里，当某种条件或时机成熟时，它便会自身复制并传播，使计算机的资源、程序或数据受到不同程度的损坏。

计算机病毒的防范必须做到消与防相结合、管理手段与技术措施相结合、个人道德的加强与社会法律保障相结合。这才能有效防止病毒的蔓延。

5. 人为故障

人为故障主要是由于机器的运行环境恶劣或者用户操作不当产生的，主要原因是用户对机器性能、操作方法不熟悉。所涉及的问题包括以下几个方面：

（1）电源接错。例如，把 220V 的电源转换档转拨到 110V 上，把±5V 的电源部件接到±12V 等。这种错误大多会造成破坏性故障，并伴有火花、冒烟、焦臭、发烫等现象。

（2）在通电的情况下，随意拔插外设板卡或集成块芯片造成人为的损坏，硬盘运行的时候突然关闭电源或者搬运主机箱，致使硬盘磁头未推至安全区而造成损坏。

（3）直流电源插头或 I/O 通道接口板插反或位置插错；各种电缆线，信号线接错或接反。一般说来，这类错误除电源插头接错或接反可能造成器件损坏之外，其他错误只要更正插接方式即可。

（4）用户对微机系统操作使用不当引起的错误也很常见，尤其初学者。常见的有写保护错、读写数据错、设备（例如打印机）未准备好和磁盘文件未找到等错误。

7.1.2 系统故障的检测方法

1. 计算机故障的提示

（1）计算机故障响铃提示

计算机出现故障时往往有响铃（见表 7-1 所示）。

表 7-1　开机自检响铃代码分析

BIOS 型号	喇叭鸣叫	发生故障
Award BIOS	1 短	系统正常启动
	2 短	常规错误，请进入 BIOS Setup，重新设置不正确的选项
	1 长 1 短	RAM 或主板出错
	1 长 2 短	显示器或显示卡错误
	1 长 3 短	键盘控制器错误
	1 长 9 短	主板 Flash RAM 或 EPROM 错误，BIOS 损坏
	不断地响（长声）	内存条未插紧或损坏
	不停地响	显示器未与显示卡连接好
	重复短响	电源有问题
	无声音无显示	电源有问题
AMI BIOS	1 短	内存刷新失败
	2 短	内存 ECC 校验错误
	3 短	系统基本内存（第 1 个 64KB）检查失败
	4 短	系统时钟出错
	5 短	中央处理器（CPU）错误
	6 短	键盘控制器错误
	7 短	系统实模式错误，不能切换到保护模式
	8 短	显示内存错误
	9 短	ROM BIOS 检验和错误
	1 长 3 短	内存错误
	1 长 8 短	显示测试错误

（2）计算机常见故障显示提示

计算机出现故障的屏幕显示：

● CMOS battery failed（CMOS 电池失效）

说明：这说明 CMOS 电池已经快没电了，只要更换新的电池即可。

● CMOS check sum error-Defaults loaded（CMOS 执行全部检查时发出错误，要载入系统预设值）

说明：一般来说，出现这种情况都是说电池快没电了，可以先换个电池试试，如果没有解决，那么说明 CMOS RAM 可能有问题，只能将主板送回生产厂家修理。

● Press ESC to skip memory test（正在进行内存检查，可按 ESC 键跳过）

说明：这是因为在 CMOS 内没有设定跳过存储器的第二、三、四次测试，开机就会执行内存测试，也可以按 ESC 键结束内存检查，不过这样比较麻烦，可采用进入 CMOS 设置后，选择 BIOS FEATURES SETRP，将其中的 Quick power On Self Test 设为 Enabled，存储后重新启动即可。

● Keyboard error or no keyboard present（键盘错误或者未接键盘）

说明：检查键盘的连线是否松动或者损坏。

● Hard disk install failure（硬盘安装失败）

说明：这是因为硬盘的电源线或数据线可能未接好或者硬盘跳线设置不当。可以检查硬盘的各根连线是否插好，同一根数据线上的两个硬盘的跳线设置是否一样，如果一样，只要将两个硬盘的跳线设置的不一样即可（一个设为 Master，另一个设为 Slave）。

- Secondary slave hard fail（检测从盘失败）

说明：可能是 CMOS 设置不当，比如说没有从盘但在 CMOS 里设为有从盘，那么就会出现错误，这时可以进入 CMOS 设置选择 IDE HDD AUTO DETECTION 进行硬盘自动检测。也可能是硬盘的电源线、数据线可能未接好或者硬盘跳线设置不当。

- Floppy Disk（s）fail 或 Floppy Disk（s）fail（80）或 Floppy Disk（s）fail（40）（无法驱动软盘驱动器）

说明：系统提示找不到软驱，检查软驱的电源线和数据线有没有松动或者是接错，或者是把软驱放到另一台机器上试一试，如果这些都不行，只好换软驱。

- Hard disk（s）diagnosis fail（执行硬盘诊断时发生错误）

说明：出现这个问题一般是硬盘本身出现故障了，可以把硬盘放到另一台机器上试一试，如果问题还是没有解决，只能去修理硬盘了。

- Memory test fail（内存检测失败）

说明：重新插拔内存条，观察是否能解决，出现这种问题一般是因为内存条互相不兼容，可更换内存条。

- Override enable-Defaults loaded（当前 CMOS 设定无法启动系统，载入 BIOS 中的默认值以便启动系统）

说明：一般是在 CMOS 内的设定出现错误，只要进入 CMOS 设置选择 LOAD SETUP DEFAULTS 载入系统原来的设定值，然后重新启动即可。

- Press TAB to show POST screen（按 TAB 键可以切换屏幕显示）

说明：有的厂商会使用自己设计的显示画面来取代 BIOS 预设的开机显示画面，可按 TAB 键在 BIOS 预设的开机画面与厂商的自定义画面之间进行切换。

- Resuming from disk, Press TAB to show POST screen（从硬盘恢复开机，按 TAB 显示开机自检画面）

说明：这是因为有的主板 BIOS 提供了 Suspend to disk(将硬盘挂起)的功能,如果用 Suspend to disk 的方式来关机，那么在下次开机时就会显示此提示消息。

- Hareware Monitor found an error, enter POWER MANAGEMENT SETUP for details, Press F1 to continue, DEL to enter SETUP（监视功能发现错误，进入 POWER MANAGE-MENT SETUP 察看详细资料，按 F1 键继续开机程序，按 DEL 键进入 CMOS 设置）

说明：某些主板具备硬件的监视功能，可以设定主板与 CPU 的温度监视、电压调整器的电压输出准位监视和对各个风扇转速的监视，当上述监视功能在开机时发觉有异常情况，那么便会显示上述提示，这时可以进入 CMOS 设置选择 POWER MANAGEMENT SETUP，在右面的 **Fan Monitor**、**Thermal Monitor**和**Voltage Monitor**察看是哪部分发生了异常，然后再加以解决。

2. 系统故障的常规检测方法

（1）采用人工经验查找故障

① 清洁法。对于机房环境较差，或使用时间较长的机器，应首先采用清洁法进行诊断。

用毛刷轻轻刷去主板、内存条、各种适配卡、外设等部件上的灰尘。一些板卡或芯片采用插脚形式，会因为震动、灰尘等原因造成引脚氧化，导致接触不良。可用橡皮擦擦拭表面氧化层，然后重新插接好后开机检查故障是否排除。仍然没有排除，采用其他的方法检查。

② 直接观察法。直接观察法就是通过眼看、耳听、手摸、鼻闻等方式检查机器比较典型或

比较明显的故障。如观察机器是否有火花、异常声音、插头及插座松动、电缆损坏、断线或碰线、插件板上元件发烫、烧焦或封蜡熔化、元件损坏或管脚断裂、机械损伤、松动或卡死、接触不良、虚焊、断线等现象。必要时可用小刀柄轻轻敲击怀疑有接触不良或虚焊的元器件，然后再仔细观察故障的变化情况。

微机上一般器件发热正常，温度在器件外壳上不超过 40～50℃，手指摸上去有一点温度，但不烫手。如果手指触摸器件表面烫手，则该器件可能因为内部短路，电流过大而发热，应该将该器件换下来。

对电路板要用放大镜仔细观察有无断线、焊锡片、杂物和虚焊点等。观察器件表面的字迹和颜色，如发生焦色、龟裂或字迹颜色变黄等现象，应更换该器件。

耳听一般要听有无异常的声音，特别是风扇，软盘驱动器和硬盘驱动器等部件。如有撞车或其他异常声音，应立即停机处理。

③ 插拔法。插拔法是通过将插件板或芯片"拔出"或"插入"来寻找故障原因的方法。采用该方法能迅速找到发生的部位，从而查到故障的原因。此法虽然简单，但却是一种非常实用而有效的常用方法。

例如，若微机在某时刻出现"死机"现象，很难确定故障原因，从理论上分析故障的原因是很困难的，有时甚至是不可能的。采用"插拔法"有可能迅速查找到故障的原因及部位。

插拔法的基本作法是对故障系统一块一块地依次拔出插件板，每拔出一块，则开机测试一次机器状态。一旦拔出某块插件板后，机器工作正常，那么故障原因就在这块插件板上。很可能是该插件板上的芯片或有关部件有故障。

插拔法不仅适用于插件板，而且也适用于在印制板上装有插座的中、大规模集成电路的芯片。只要不是直接焊在印制板上的芯片和器件都可以采用这种方法。下面就是这样的一个实例。

例如：开机即不能启动系统，机箱面板一亮即灭。从故障现象看好象是电流太大引起微机电源自锁，但到底是哪一个部件短路呢？

首先切断电源，用插拔法按以下步骤进行检查：

● 先将主机与所有的外设连线拔出，再合上电源。若故障现象消失，则查外设及连接处是否有碰线、短路、插针间相碰等短路现象。若故障现象仍然存在，问题在主机或电源本身，关机后继续进行下一步检查。

● 将主板上的某块插件板拔出，再合上电源。若故障现象消失，则故障出现在拔出的某个插件板上，此时可转第三步检查。若故障现象仍然存在，则应检查主板与机箱之间、电源与机箱之间有无短路现象，若没有发现问题，则可断定是电源直流输出电路本身的故障。

● 对从主板上拔下来的每一块插件板进行常规自测，仔细检查是否有相碰或短路现象。若无异常发现，则一块一块地依次插入主板，每插入一块都开机观察故障现象是否重新出现，即可很快找到有故障的插件板。

无论对微机的任一部件，每次拔、插系统主板及外部设备上的插卡或器件，都一定要关掉电源后再进行。

④ 交换法。交换法是用备份好的插件板、好器件替换有故障疑点的插件板或器件，或者把相同的插件或器件互相交换，观察故障变化的情况，依此来帮助用户判断寻找故障原因的一种方法。

计算机内部有不少功能相同的部分，它们是由完全相同的一些插件或器件组成。例如，内存条及芯片由相同的插件或 RAM 芯片组成，在外设接口板中串行接口（或并行接口）也是相同的，其他逻辑组件相同的就更多了。如故障发生在这些部分，用替换法能较迅速地查找到。

若替换后故障消失，说明换下来的部件有问题；若故障没有消失，或故障现象有变化，说明换下来的插件仍值得怀疑，须做进一步检查。

替换可以是芯片级的，RAM 芯片、CACHE 芯片或 CPU 等；替换也可以是部件级的，如两台显示器交换，两个键盘、两个软盘驱动器、两个光驱、两个显卡交换等。

这种方法方便可靠，尤其检测外设板卡和在印制板上带有插座的集成块芯片等部位出现的故障是十分有效的。

（2）程序测试

① 加电自检法。微机系统从加电开机到显示器显示 DOS 提示符和光标，此过程中首先要通过固化在 ROM 中的 BIOS 硬件系统自诊断，当诊断正确后再进行系统配置，输入输出设备初始化，然后引导操作系统、完成将 MS-DOS 系统的三个文件（两个隐含文件 IO.SYS 和 MSDOS.SYS 及命令处理程序 COMMAND.COM）装入系统内存，从而完成启动过程。最后给出 DOS 提示符和光标，等待用户输入键盘命令。自检程序正确则显示系统信息，若自检通过但显示内容不对，则应检查有关连接电缆等是否完好。

在测试时一般将硬件分为中心系统硬件和非中心系统硬件，相应的功能也按此进行划分。对于所测到的中心系统硬件故障属严重的系统故障，系统无法进行错误标志的显示，其他所测到的硬件故障属非严重故障，系统能在显示器上显示出错代码的信息。为了方便故障诊断，有的 BIOS 程序还能根据相应故障部位给出喇叭声音信号，有的以声音次数、有的以声音长短来表示。

② 程序诊断法。只要微机还能够进行正常的启动，采用一些专门为检查诊断机器而编制的程序来帮助查找故障原因，这是考核机器性能的重要手段和最常用的方法。

检测诊断程序要尽量满足两个条件：

● 能较严格地检查正在运行的机器的工作情况，考虑各种可能的变化，造成"最坏"环境条件。这样，不仅能检查系统内各个部件（如 CPU、存储器、打印机、键盘、显示器、软盘、硬盘等）的状况，而且也能检查整个系统的可靠性、系统工作能力、剖析互相之间干扰情况等。

● 一旦故障暴露，要尽量了解故障范围，范围越小越好，这样便于维护人员寻找故障原因，排除故障。

诊断程序测试法包括简易程序测试法、检测诊断程序测试法和高级诊断法。

简易程序测试法是指：针对具体故障，通过用户自己编制的一些简单而有效的检查程序来帮助测试和检测机器故障的方法。这种方法依赖于检测者对故障现象的分析和对系统的熟悉程度。

检测诊断程序测试法是采用通用的测试软件（如 Sisoft Sandra 等），或者系统专用检查诊断程序来帮助寻找故障，这种程序一般具有多个测试功能模块，可对处理器、存储器、显示器、光盘驱动器、硬盘、键盘和打印机等进行检测，通过显示错误代码、错误标志以及发出不同声响，为用户提供故障原因和故障部位。

除通用的测试软件之外，很多计算机都配置有开机自检程序，计算机厂家也提供一些随机的高级诊断程序。利用厂家提供的诊断程序进行故障诊断可方便地检测到故障位置。

以上基本方法，应结合实际灵活使用。往往不是单应用一种方法，而是综合有关的多种方法，才能确定并修复故障。

3. 判断计算机故障的主要步骤

根据开机的基本操作和状态来判断主机系统的故障。其具体步骤如下：

（1）检查主机电源是否工作，电源风扇是否转动？用手移到主机机箱背部的开关电源的出风口，感觉有风吹出则电源正常，无风则是电源故障；主机电源开关开启瞬间键盘的 3 个指示灯（NumLock、CapsLock、ScrollLock）是否闪亮一下？是，则电源正常；主机面板电源指示灯、硬盘指示灯是否亮？亮，则电源正常。因为电源不正常或主板不加电，显示器没有收到数据信号，则不会显示。

（2）检查显示器是否加电？显示器的电源开关是否已经开启？显示器的电源指示灯是否亮？显示器的亮度电位器是否关到最小？显示器的高压电路是否正常？用手移动到显示器屏幕是否有"咝咝"声音、手背汗毛是否竖立？

（3）检查显卡与显示器信号线接触是否良好？可以拔下插头检查一下，D 形插口中是否有弯曲、断针、有大量污垢，这是许多用户经常遇到的问题。在连接 D 形插口时，由于用力不均匀，或忘记拧紧插口固定螺丝，使插口接触不良，或因安装方法不当用力过大使 D 形插口内断针或弯曲，以致接触不良等。

（4）打开机箱检查显卡是否安装正确，与主板插槽是否接触良好？显卡或插槽是否因使用时间太长而积尘太多，以至造成接触不良？显卡上的芯片是否有烧焦、开裂的痕迹？因显卡导致黑屏时，计算机开机自检时会有一短四长的"嘀嘀"声提示。

（5）检查其他的板卡（包括声卡、解压卡、视频捕捉卡）与主板的插槽接触是否良好？注意检查硬盘的数据线、电源线接法是否正确？更换其他板卡的插槽，清洁插脚。这一点往往容易忽视。一般认为，计算机黑屏是显示器出现问题，与其他设备无关。实际上，因声卡等设备的安装不正确，导致系统初始化完成，特别是硬盘的数据线、电源线插错，也容易造成无显示的故障。

（6）检查内存条与主板的接触是否良好，内存条的质量是否有问题？把内存条重新插拔一次，或者更换新的内存条，如果内存条出现问题，计算机在启动时，会有连续四声"嘀嘀"声。

（7）检查 CPU 与主板的接触是否良好？因搬动或其他因素，使 CPU 与 Socket AM2 插口或 Socket 775 插座接触不良。用手按一下 CPU 或取下 CPU 重新安装。由于 CPU 是主机的发热大件，Socket AM2 型有可能造成主板弯曲、变形，可在 CPU 插座主板底层垫平主板。

（8）检查主板的外部频率、倍频等跳线是否正确？对照主板说明书，逐一检查各个跳线，顺序为"外频和倍频跳线—内存条跳线—其他的跳线"，设置 CPU 电压跳线时要小心，不应设得太高。这一步对于一些组装机或喜欢超频的用户特别注意。

（9）检查参数设置、检查 CMOS 参数设置是否正确，系统软件设置是否正确。检查显卡与主板的兼容性是否良好。最好查一下资料再进行设置。

（10）检查环境因素是否正常，是否电压不稳定或温度过高等，除了按上述步骤进行检查外，还可根据计算机的工作状况来快速定位，如在开启主机电源后，可听见计算机自检完成，如果硬盘指示灯不停地闪烁，则应检查第二步至第四步。

7.2 硬件故障的诊断与排除举例

7.2.1 主机常见故障诊断与排除举例

故障现象 1：原本正常的电脑，使用的是 Super Micro 主板。在关机前修改过 BIOS SETUP，就不启动了，因为修改的地方比较多不知怎样恢复。

故障分析与处理：检查 CPU 的设置，恢复默认设置。这主要是因为，Super Micro 主板多为服务器/工作站使用，测试严格，工作稳定，超频就会不启动系统。若把 CPU 内核（Core）电压设置成"Auto"也可能导致系统无法启动。最好精确地设置成"100MHz"。当改变 BIOS 设置，系统不能启动时，请按"Insert"恢复系统默认设置。

故障现象 2：运行 Windows 98/Me 都非常正常，升为 Windows 2000 后每次开机一段时间就自动重启。

故障分析与处理：Windows 2000 对于系统配件的稳定性要求较高，而 Windows 98/Me 则是相对宽松的操作环境，有些情况下在后者的环境中工作正常硬件，换成 Windows 2000 就会出现问题。另外，Windows 2000 中 CPU 的运算量大造成 CPU 的温度升高，也是出现上述故障的原因。建议将 CPU 的频率降低一些再试试。

故障现象 3：电脑的时钟总是要比标准时间慢几个小时。插入新电池，开机，喇叭却叫个不停，屏幕显示"No Signal"，机器不能自检，按任何按键均无反应。检查显示器与显卡的连线，连线没问题但换用旧电池开机喇叭依然在叫，"No Signal"也仍旧存在！

故障分析与处理：这个故障的根源不在电池、主板、内存，而在 BIOS。只要把 BIOS 中的设定全部改为出现故障前的设定，保存后重新插上 SDRAM 开机……问题就会排除。因为一般取下主板上的电池后，主板的 BIOS 的设置将自动回到原厂设置。根据上面的现象，可以看出在 BIOS 的回厂设置后，会有许多的设置需要用户根据自己的需要进行设置。但如果要测试它，在测试中慎用测试版的程序，对于像 BIOS 这样举足轻重的东西，更不要使用还处于测试阶段的程序去升级。

故障现象 4：经排除法检查后确定是主板接触不良的问题，时亮时不亮。

故障分析与处理：这是由于主板所在的机箱散热不好，主板长时间在高温环境下工作，关机后又冷却下来，经常热胀冷缩，BG 下面的焊点就会松脱，从而导致接触不良。故障现象就是板子不亮，送到维修点上 BG 机加热一下就好了。但更重要的是改善机箱散热，防病强于治病。

故障现象 5：接上一无故障键盘，开机自检时出现提示"Keyboard Interface Error"后死机，拔下键盘，重新插入后又能正常启动系统，使用一段时间后键盘无反应。

故障分析与处理：主要是多次拔插键盘引起主板键盘接口松动，拆下主板用电烙铁重新焊好即可；也可能是带电拔插键盘引起主板上一个保险电阻断了（在主板上标记为 Fn 的东西），换个 1Ω/0.5W 的电阻即可。

故障现象 6：品牌机及多数 586 以上的微机打印机并口，大多集成在主板上，使用时带电拔插打印机信号电缆线最容易引起主板上并口损坏，造成打印机不能使用。

故障分析与处理：可以查看主板说明书，通过"禁止或允许主板上并口功能"相关跳线，设置"屏蔽"主板上并口功能。另一种方法是通过 CMOS 设置来屏蔽，然后在 PCI 扩展槽中加上一块多功能卡即可。

故障现象 7：电脑运行正常，偶有黑屏，拍一下机箱恢复正常，过一段时间又出现黑屏。初步断定此次故障是接触不良所致，将所有的外设及板卡重装一次，加电一试仍然是"黑屏"。

故障分析与处理：先应找来酒精棉球和吸尘器，取下各板卡，仔细清洗一遍主板，再加电如还是黑屏，就要注意显卡、内存、主板上芯片组的温度，如均不烫手，也闻不到异味，证明无短路。通常黑屏多数由显卡和内存造成，由显示器、主板损坏造成的可能性不大，这里故障属主板电源故障造成，原因：①CPU 风扇电源没经过主板；②加电没听到硬盘磁头寻道；③扬声器没有报警声。综合上述因素，主板供电故障的可能性是最大的。

故障现象 8：运行 Windows 应用程序时，出现"内存不足"的故障。

故障分析与处理：首先，减少窗口的数目，关闭不用的应用程序，包括少用的内存驻留程序，将 Windows 应用程序最小化为图标，如果问题只是在运行特殊的应用程序时出现，则与应用软件销售商联系，可能是数据对象的管理不好所致；其次，如果问题没有解决，清除或保存 Clipboard（剪贴板）的内容，使用 Control Panel Desktop 选项将墙纸（Wallpaper）设置为 None；第三，如问题仍存在，可用 PIF 编辑器编辑 PIF 文件，增大 PIF 文件中定义的 Memory Requirements：KB Required 的值；在标准模式下，选择 Prevent Program Switch，该开关选项打开后，退出应用程序返回 Windows；第四，如果问题仍存在，应重新开机进入 Windows 系统，并且确保在"启动"图标中没有其他无关的应用软件同时启动运行，在 Win.ini 文件中也没有 Run 或 Load 命令加载的任何无关的应用程序。

故障现象 9：开机无法自检，电脑无任何反应。

故障分析与处理：首先，进入 CMOS 设置，检查 CMOS 中关于内存安装的参数设置是否正确，是否与内存条的配置情况相符；其次，检查内存条与内存插座槽之间接触是否良好，并作相应的处理；再次，检查内存条的安装组合是否正确；然后，如果故障还未解决，则用替换法检查内存条是否已经损坏，并作出相应的处理；最后，如果以上措施均不能奏效，则怀疑主板或控制芯片有问题，可送专业人员检修。

故障现象 10：打开主机电源，屏幕无显示、扬声器报警或屏幕显示：Error: Unable to Control A20 Line 出错信息后，死机。

故障分析与处理：内存条与主板中插槽接触不好，内存条或内存控制器硬件故障。更换内存条、仔细检查内存条是否与插槽保持良好的接触并做相应处理。

故障现象 11：内存值与内存条的实际容量不符，内存工作异常。

故障分析与处理：出现这种问题一般是因为病毒程序驻留内存，修改了 CMOS 中的内存参数。解决方法是：先将 CMOS 短接放电，然后重新启动计算机，进入 CMOS 后仔细检查各项硬件参数，并正确设置有关内存的参数值。

故障现象 12：进入 Windows 系统后，无论运行软件与否，在数分钟后便开始出现横条状花屏现象，开始症状还比较轻微呈局部条状，但在数分钟后，便满屏幕都是了。

故障分析与处理：取下该内存，试着换上另一根内存条，如果问题解决，则是由于内存质量低劣引起显示器花屏故障。如果还有问题，则可能是显卡的问题了。

故障现象 13：开机黑屏，没有显示，可能会有报警声。

故障分析与处理：硬件之间接触不良，或硬件发生故障，相关的硬件涉及到内存、显卡、CPU、主板、电源等。电脑的开机要先通过电源供电，再由主板的 BIOS 引导自检，而后通过 CPU、内存、显卡等。这个过程反映在屏幕上叫自检，先通过显卡 BIOS 的信息，再是主板信息，接着内存、硬盘、光驱等。如果这中间哪一步出了问题，电脑就不能正常启动，甚至黑屏。

首先确认外部连线和内部连线是否连接顺畅。外部连线有显示器、主机电源等。内部有主机电源和主机电源接口的连线（此处有时接触不良）。比较常见的原因是：显卡、内存由于使用时间过长，与空气中的粉尘长期接触，造成金手指上的氧化层，从而导致接触不良。对此，用棉花粘上适度的酒精来回擦拭金手指，晾干后插回。除此外，观察 CPU 是否工作正常，开机半分钟左右，用手触摸 CPU 风扇的散热片是否有温度。有温度，则 CPU 坏掉的可能性就可基本排除。没温度就整理一下 CPU 的插座，确保接触到位。

故障现象 14：电脑在正常运行过程中，突然自动关闭系统或重启系统。

故障分析与处理：现今的主板对 CPU 有温度监控功能，一旦 CPU 温度过高，超过了主板 BIOS 中所设定的温度，主板就会自动切断电源，以保护相关硬件。另一方面，系统中的电源管理和病毒软件也会导致这种现象发生。

上述突然关机现象如果一直发生，先确认 CPU 的散热是否正常。开机箱目测风扇叶片是否工作正常，再进入 BIOS 选项看风扇的转速和 CPU 的工作温度。发现是风扇的问题，就对风扇进行相关的除尘维护或更换质量更好的风扇。如果排除硬件的原因，进入系统，再彻底查杀病毒。当这些因素都排除时，故障的起因就可能是电源老化或损坏，这可以通过替换电源法来确认，电源坏掉就换个新的，切不可继续使用。

7.2.2　外存储器常见故障诊断与排除举例

1. 硬盘驱动器常见故障诊断与排除举例

故障现象 1：一块 EpoX 的 8KTA3 主板，用主板自带的那根 DMA/100 的数据线连接硬盘，开机时显示："主要的硬盘接口没有 80 线电缆连接"。但将这根硬盘信号线在其他计算机上使用正常。而且其他的数据线不需改动任何设置即可以使用。

故障分析与处理：从 ATA 66 之后 IDE 线的连接就有了比较严格的规定，在某些情况下不按照规定连接就可能会出问题，很可能是连线的接头连接不正确。一般来说，要将有"SYSTEM"字样的一端同主板相连，并且要注意主从盘也要按顺序连接。

故障现象 2：在 Windows 初始化时死机或能进入 Windows 系统，但是运行程序出错，加上运行磁盘扫描也不能通过，常在扫描时缓慢停滞甚至死机，或者运行磁盘扫描程序直接发现错误甚至坏道。

故障分析与处理：需按照以下方法处理：

步骤一，如在 Windows 蓝天白云后死机或是运行磁盘扫描时死机，在导入备份的注册表数据无效后，应该先尝试用系统盘引导，在纯 DOS 下用 GHOST（假设已经有了备份）恢复系统或是格式化分区后重新安装 Windows。

步骤二，如果格式化不能正常完成，或在这步之后依然是死机如故，再加上如上所说排除了其他部件导致的死机后，可以肯定硬盘是出问题了。此时切记要备份数据，不要反复尝试磁盘扫描和其他工具恢复操作，硬盘的物理故障是普通用户无法用软件修复的，应在硬盘还能被系统识别和进入分区时，备份转移的重要数据。

步骤三，对磁盘扫描能持续运行下去，并发现报告坏道的，有两种可能性：一是逻辑坏道，依然有可能用软件修复。最简单的方法是用磁盘扫描本身的自动纠正错误，如不行，备份数据后，可用 Format 的命令修正磁盘错误，注意不能用 Q 参数快速格式化，因为快速格式化其实只是删除分区上的所有数据加上重新设置卷标号，是不能修正磁盘错误的，要让 Format 按标准方式检测和重置硬盘；或者是用 GHOST 把出错的分区覆盖掉，前提是要有该分区的 GHO 备份，或是找到和该硬盘型号相同的产品（为保险起见，请划分相同的分区容量和格式），GHOST 常常能修复一些标准的磁盘工具不能纠正的错误。另一可能性是硬盘真有物理坏道，可以用 PQ 等工具，把坏道集中划分为一个分区，然后再做处理。

故障现象 3：在 BIOS 里突然根本无法识别硬盘，或即使能识别，也无法用操作系统找到硬盘。

故障分析与处理：这是严重的情况，处理起来相对棘手。

步骤一，先确定硬盘是不是被病毒破坏了分区表和引导区，或者是中了硬盘逻辑锁。用引导盘启动后，运行 KV3000 等杀毒软件查杀一下。如果分区表和引导区数据以前备份了，请用原先备份时候的工具软件导入强行恢复硬盘分区表。

步骤二，打开机箱，检查连线，清理机箱内的灰尘，连线松了或是灰尘太多是可能导致硬盘启动故障的，且在硬盘加电时留意听，看硬盘盘片是否运转正常，以及转动有没有异响。比如在出现不规则的"当当"或"嘎嘎"声，然后伴随死机的，或是根本不运转的，可确信是物理故障无疑，只能尝试低级格式化了。

故障现象 4：开机后，"WAIT"提示停留很长时间，最后出现"HDD Controller Failure"。

故障分析与处理：造成该故障的原因一般是硬盘线接口接触不良或接线错误。先检查硬盘电源线与硬盘的连接，再检查硬盘数据信号线与多功能卡或硬盘的连接，如果连接松动或连线接反都会出现上述的提示，最好是能找一台型号相同且使用正常的微机，可以对比线缆的连接，若线缆接反则一目了然。

故障现象 5：开机后自检完毕，从硬盘启动时死机或者屏幕上显示："No ROM Basic，System Halted"

故障分析与处理：造成该故障的原因一般是引导程序损坏或被病毒感染，或是分区表中无自举标志，或是结束标志 55AAH 被改写。从软盘启动，执行命令"FDISK/MBR"即可。FDISK 中包含有主引导程序代码和结束标志 55AAH，用上述命令可使 FDISK 中正确的主引导程序和结束标志覆盖硬盘上的主引导程序，这对于修复主引导程序和结束标志 55AAH 损坏既快又灵。用 NDD 可迅速恢复分区表中无自举标志的故障。

故障现象 6：一些正常文件突然无法打开，并在此过程中能听到硬盘吃力的读盘声。

故障分析与处理：可能是存储有关该文件数据的一些磁道发生了物理损伤。此时可用 Windows 自带的 Scan Disk 程序或 NDD 全面扫描硬盘（一定要选上 Surface Scan 一项），它们会找出坏道并标识，以后该磁道上就不会再存储其他数据。

2. 光盘驱动器常见故障诊断与排除举例

故障现象 1：用光驱安装一些软件当读到一定时候常常就会出现一个"I/O 错误"的提示。

故障分析与处理：这是光盘的问题，如某一区域数据错误损坏，就会导致这种情况。有可能将盘重新放一次再安装就能通过，但也许不行。还一种情况是光驱线有问题。

故障现象 2：装盘开机黄灯久亮后熄灭，光盘转动几下后停转，访问光盘失败。

故障分析与处理：一般常采用脱机方法维修。即先将光驱从主机中拆出，单独用一台 PC 电源接上光驱，上电弹出盘仓，关电，卸下盘仓塑料边、塑料面板及金属底盖，打开光驱上盖，上电观察光驱在上盖无光盘时的启动过程。初始化过程中位于激光头物镜下的半导体激光器未发出红激光束，怀疑激光头损坏，拆卸下来装在另一台正常机上检测，如结果运行正常，说明激光头未坏。装回原机再试机。估计故障是激光头上的信号软带接触不良而使激光器得不到供电所引起。然后将激光头信号软带拔出，用高级写字软橡皮或磁头清洁液清洁金属接口后重新插上，机器即恢复正常。

故障现象 3：带盘开机后黄灯久亮后熄灭，光盘转动 3 次后停转，操作系统访问光盘失败。

故障分析与处理：如果加电观察光盘无上盖时脱机的寻道过程，以及半导体激光器发射的红色激光束均未见异常，那么清洗激光头物镜试机，故障仍旧的话，就有可能是由半导体激光器老化后造成发射的激光束能量偏弱或聚焦不良，使激光接收器收不到信号所引起的。要排除这个故障，就要关机后对位于激光头后部的激光头控制电路板上的激光功率微调电位器进行逐步反复调整，适当地增强激光器的发射功率。每调整一次，加电（不上夹盖，关门，放盘）观察一次光盘是否能连续转动起来，当调至光盘可以勉强连续转动起来后，再上好上夹盖，加电放盘后，监听是否有光盘连续转动的声音。若反复调试仍不能使光驱的光盘在脱机加电的情况下连续转动起来，则需要更换激光头组件。

故障现象 4：光盘进入后旋转时，颤抖很明显，且嗡嗡作响，读盘不稳定。

故障分析与处理：这类现象有两个可能：一是光盘质量差、片基薄、光盘厚薄不均（如一些盗版光盘）引起的；二是由于光驱的压盘转动机制的松动造成。如是第一种情况需要避免使用。对于第二种情况，首先打开盖板，取下压盘机制的上压转动片，由于上压盘转轮是塑料的且有少许的磨损，加之光盘也是塑料的，故而上下压盘时盘片夹不稳，在高速旋转时会发生的抖动。可找来一块鹿皮或薄绒布将其剪成小圆环，大小与上压盘轮一致，在用万能胶将其与压盘轮粘在一起即可。

故障现象 5：在使用光驱时，有时加电后指示灯闪动不止，但盘片不转；有时读盘加速的声音和振动特别大，重复几次后停止，但读不出数据。

故障分析与处理：主轴电机与其驱动电路一般是合二为一的，把它称为主轴信号通路，此电路也由一条与激光信号通路连线一样的连接线连接，只不过股数不一样。由于它与激光头信息通路都是由伺服电路进行信息沟通的，因此在故障现象上有许多相似之处，但由于激光头信息通路在进出盒时，其连接线易被拉折而损坏，所以在遇到相同故障现象时应先考虑激光头信息通路故障，再考虑主轴信号通路故障。

故障现象 6：光驱在出盘、进盘时噪声很大，且伴有机械摩擦的杂音，进出盘速度不稳定，有时进出盘电机会空转，导致舱门无法弹出。

故障分析与处理：造成光驱噪声的原因主要有以下几点：

（1）高速旋转：40X 的光驱转速最高达到 7000r/min，声音最高达 50dB，48X 以上马达每秒的转速高达 10500r/min，声音在 65dB 以上。

（2）读盘声：在高倍速光驱中读盘时，光头移动较快，产生的声音是噪声的来源之一。

（3）震动：现在盗版盘比较多，光盘质量参差不齐，光盘若有偏心、偏重等缺陷，在高速旋转下造成不平衡，从而产生震动的声音，针对这一问题各公司都采用相应的减震系统（CSS、DDS、WSS、ABS…），但减震系统只能尽量减小震动声音，它仍是噪声来源的一个主要原因。

（4）机械磨损导致出现噪声：首先在通电的情况下，打开光驱的舱门，取下光驱打开盖板，取下光盘托架，详细检查后发现控制进出盘的传动橡皮轮已变形老化且还有裂纹，是否橡皮轮和电机齿轮上有很多灰尘，如果有灰尘，就更换橡皮轮并清洁灰尘。这样进出盘电机空转现象就会消失。但如果弹出、进盘时噪声仍很大，仍有机械摩擦的杂音，就要检查光驱托盘左侧的齿槽，进出轨道有无磨损。如果有磨损，就将润滑油均匀地涂抹在进出轨道上，安装复原后，故障就会排除。

7.2.3　输入设备常见故障诊断与排除举例

1. 鼠标与键盘常见故障诊断与排除举例

故障现象 1：鼠标灵活性下降，鼠标指针不像以前那样随心所欲，而是反应迟钝，定位不准确，或干脆不动。

故障分析与处理：这种情况主要是因为鼠标里的机械定位滚动轴上积聚了过多污垢而导致传动失灵，造成滚动不灵活。维修的重点放在鼠标内部的 X 轴和 Y 轴的传动机构上。解决方法为：打开胶球锁片，将鼠标滚动球卸下来，用干净的布蘸上中性洗涤剂清洗胶球，磨擦轴等可用酒精进行擦洗。最好在轴心处滴上几滴缝纫机油，但一定要仔细，不要流到磨擦面和码盘栅缝上。将一切污垢清除后，鼠标的灵活性就将恢复如初。

故障现象2：开机后发现鼠标的尾巴拖得很长，在显示器上跟着指针移动，导致使用极不方便，刺激眼睛。

故障分析与处理：这只是鼠标的一种正常的显示形式，只要改成正常模式即可。即设置鼠标属性，先选择"我的电脑"→"控制面板"→"鼠标"→"属性"→"显示指针轨迹"，该选项前的X消失后，选择"确定"按钮。除此以外，还有一种情况是由于显卡的驱动程序的问题，只要升级显卡驱动程序便可。

故障现象3：开机启动后，鼠标隐藏了起来，怎么也找不到鼠标。

故障分析与处理：首先，看鼠标是否彻底损坏，如果是就需要更换新鼠标。其次，看鼠标与主机连接PS/2口接触是否不良，如果是仔细接好线后，重启即可。然后看主板上的PS/2口是否损坏，这种情况很少见，如是这种情况，只好去更换一个接口如USB接口。最后，观察鼠标线路接触是否不良，这种情况是最常见的。接触不良的点多在鼠标内部的电线与电路板的连接处。故障只要不是在PS/2接头处，一般维修起来不难。通常是由于线路比较短或比较杂乱而导致鼠标线被用力拉扯而引起的，解决方法是将鼠标打开，再使用电烙铁将焊点焊好。还有一种情况就是观察鼠标线内部接触是否不良，这是由于时间长而造成老化引起的，这种故障通常难以查找，更换鼠标是最快的解决方法。

故障现象4：鼠标在移动的时候很困难，有时几乎不能移动。

故障分析与处理：鼠标和鼠标垫应该定期清理，注意平常在干净的地方使用鼠标，经常发现有人在很脏的桌面上使用鼠标。这时就需要关机，把鼠标背面的O形环向OPEN方向旋转，取出环和小球。把小球洗干净，用不掉毛的布擦干或风干。用小刀之类的利器把鼠标内部的两根棍中部的脏物分别轻轻刮下。再用皮老虎或吸尘器，把鼠标内部吸干净，把小球放入，反向安装O形环即可解决鼠标的移动问题。

故障现象5：换了新键盘，拿到主板接口一试才知道出了问题。不知为什么键盘无法插入主板接口。

故障分析与处理：可能是接口大小不匹配，主板太高或太低，个别键盘接口外包装塑料太厚造成的。只要仔细检查接口是大是小，新的主板使用小接口，可以购买转接头。如果是同样的接口，注意检查主板上键盘接口与机箱给接口留的孔洞，看主板是偏高了还是偏低了，个别主板有偏左或偏右的情况，可能要更换机箱，否则，更换其他长度的主板铜钉或塑料钉。塑料钉更好，因为可以直接打开机箱，以手按主板键盘接口部分，插入键盘，解决主板偏高的问题。

故障现象6：在主机自检时，屏幕显示如下："Keyboard Error Press F1 to RESUME"，但是按F1键不起作用，按其他键也无反应。

故障分析与处理：为判断是键盘本身的故障还是主板键盘接口故障，最好用无故障键盘在该机上试验，如果一切正常，说明是键盘本身的故障。这时要拆开键盘后盖，检查电缆四根引线的电平，Vcc引线为+5V高电平，GND引线为低电平，DATA引线为高电平，而KBLCK引线为低电平，正常时KBLCK引线应为高电平。关掉主机拔下键盘插头，可用万用表×1Ω挡测量电缆两端的对应引线，看KBLCK引线内部是否有断开处，如果检测出来电压不正常，更换一根键盘电缆，故障就可以排除了。

故障现象7：键盘在使用的时候，按键按下后不能弹回。

故障分析与处理：按键按下不能弹回的问题常发生在回车键和空格键上，因为这两个键使用频率最高，也就使得这两个按键下面的弹簧弹力减弱最快，引起弹簧变形，致使该键触点不能及时分离，最后导致按键无法弹起。出现这种情况，可用手指捏紧键帽或使用平口改锥将键帽拔出，这样就可取出座子盖片下的弹簧，接下来，更换新的弹簧或将原弹簧整型恢复，重新安装好后故障将排除。如果新买的键盘也出现这种问题，可能是因为键盘加工粗糙，键体、键帽注塑质量很差，有许多毛刺未清理或清理不彻底，使键体与键帽相对位置发生变化，按下按键后不能弹回。应仔细检查是否因键帽边缘有毛刺而阻碍了其回弹，是则先用小刀把毛刺刮掉，再用细砂布将其打磨平滑。

2. 扫描仪常见故障诊断与排除举例

故障现象 1：一台 Nuscan 800 扫描仪安装好驱动程序后，扫描仪探测器检测到扫描仪。同时在计算机的"控制面板"→"系统"→"设备管理器"→"通用串行总线控制器"下总是出现一个未知设备。

故障分析与处理：此种情况下建议先将扫描仪断开，将 SB 线去掉，然后将已经安装的扫描仪驱动程序卸载。再重新启动计算机到"安全模式"，进入"控制面板"→"系统"→"设备管理器"，将"通用串行总线控制器"下的未知设备删除。重启后安装相应的扫描仪驱动程序。

故障现象 2：一台 Scan Maker X6（USB）扫描仪预览时选定的扫描区域与实际得到的扫描区域存在偏差，主要是纵向偏差，且偏差幅度不稳定。

故障分析与处理：从预扫的精度来看，扫描仪在实际扫描时，有 1～2mm 的误差，是属于正常现象。因为扫描仪的预览精度在 18dpi，在算法上，最小的误差，也在 1.41mm。再加上其他的诸如鼠标画框和实际预览图像里的画框，那么，确实会存在如此的误差。这个误差在扫描一幅 8cm×10cm 的图片，总的影响很小，对于小画幅的扫描，确实影响比较大。解决方法如下：

（1）在图像处理软件里面扫描。如"PhotoShop"，扫描完毕后，按照自己的要求裁剪处理。

（2）在扫描仪的高级模式界面下工作，先选择"预览"，选定一个大致的范围，选择"预扫"，对图片做一个比较细的选定，再扫描，这样精度会高一点。建议还是在"PhotoShop"下做裁剪。

故障现象 3：一台型号是 V600 的扫描仪，扫描图片时发现图像上出现 2、3 条宽窄不一的光带条纹。

故障分析与处理：扫描图像有线条，该现象分为两种：（1）竖线条，该现象是由于镜组或上罩里基准白处有污染造成，解决方法是清洁镜组件或上罩。（2）横线条，该现象是由于数据线有断裂或皮带松紧度不当造成，解决方法是更换数据线或调节皮带松紧度。

故障现象 4：在打开 Uniscan 6A 扫描仪的开关时，扫描仪发出异常响声。

故障分析与处理：Uniscan 6A 扫描仪有锁（其他如 Uniscan 6C、4C 等也有锁），其目的是为了锁紧灯管，防止运输中震动。因此在打开扫描仪电源开关前，应先将锁打开。只要将锁打开了，异常响声就可以得到排除。

7.2.4　输出设备常见故障诊断与排除举例

1. 显示器常见故障诊断与排除举例

故障现象 1：一台荷花 0.28 彩显，使用几个月后，每次开机时屏幕一片朦胧，并在不停在闪烁跳动，过几分钟后才慢慢变得稳定。曾调过聚焦，但过一段时间后，又出现上述故障。

故障分析与处理：这种情况下，故障与显示器的中高压及聚焦电路有关。这种故障多数与显像管的尾座质量下降、内部放电或漏电有关，解决办法是换一个新的尾座。在更换时只要管脚数、管脚位置、外形等方面基本相同，就可代替，更换尾座时手法要轻，千万不要把显像管弄坏了。其次，可能是行输出（高压包）有问题，或中高压电路的电位器等方面问题。

故障现象 2：一台计算机显示器在与主机联机工作时信号显示正常，但光栅为黄色。

故障分析与处理：显示器光栅正常时应为白色，它是由红、绿、蓝三种基色混色合成的。

当光栅呈为黄色，根据三基色原理，判定为缺少蓝色。一般来说，造成显示器缺色这种故障的主要原因有三点：

（1）视频输出电路中的三极管某一极开路。

（2）视频输出至显像管阴极管脚有脱焊点或接触不良。

（3）显像管阴极枪老化损坏。

经重点检查视频输出电路的有关元器件，发现视频输出三极管已开路，更换故障排除。

故障现象3：一台SUN370型17英寸彩色显示器，开机后"吱"的一声就无任何反映。

故障分析与处理：用万用表对电源部分进行测量，发现开关电源的+110V输出端电压在开机瞬间表针摆一下，随后立即变回0伏，由此判断开关电源电路基本正常，在开机瞬间经历了启动、振荡等过程，只是由于保护电路动作，造成开关电源开机后立即处于保护状态而无输出。断开行扫描供电电路中的R738，在+110V输出端接入假负载，开机测量行输出管Q701（2SC4142）的CE结电阻很小，更换Q701后+110V恢复正常。但仍无光栅，用示波器观察Q701基极、行推动变压器T702脚的电压波形，均未出现行脉冲电压波形，测行振荡集成电路IC702（AN5790）各脚电压，均为零。拆下供电端6脚的外围元件逐一检查，发现D703已击穿，C713漏电严重，有外液溢出，更换这两个元件后，故障消失。

故障现象4：一台显示器在使用过程中，图像显示正常，但在水平方向有时出现干扰条纹。

故障分析与处理：造成水平条纹干扰一般有两种原因：一种是来自显示器外部，例如：显示器使用现场附近有电火花或高频电磁干扰。此种干扰产生的现象是使显示画面出现水平白色线条，另一种来自显示器内部，此种干扰产生的现象是使显示画面出现黑色线条，此故障现象是随机出现的，若排除了第一种原因后，可以打开机壳检查一下是否有接触不良的地方，重点可以检查电源输出端或行输出变压器各脚的焊点，问题可以得到解决。

故障现象5：打开显示器的电源开关，瞬间听到"喇"的一声（偏转线圈磁场变化的声音）之后无任何显示。

故障分析与处理：根据故障现象可以判断为高压保护，或X射线保护。所谓高压保护就是指对显像管阳极高压的一种限制。通常情况下显像管的阳极电压在23～27kV之间，若高压过高导致机内元器件损坏，造成这种故障的原因大多数是由于使用者在发现行频不同步时，调整行频电位器时从这端调到另一端，行频降低其阳极电压就要成比例地升高，这完全有可能超过它的正常范围。因此，显示器内部的高压保护电路开始工作，使行变压器停止工作，从而关掉高压起到保护作用。这种故障一般可以通过调整行频电位器来解决，如果调整电位器无效，这时就应该考虑检查显示器电源输出电压是否过高，行扫描逆程时间是否太短等原因。

故障现象6：显示器加电后无任何反应。

故障分析与处理：加电无光栅，电源指示灯不亮，显像管灯丝不亮，用手触摸屏幕没有高压静电反应，开机与关机瞬间听不到偏转线圈磁场变化的声音。根据上述故障现象判断行输出没有工作，故障可能出现在电源电路或行扫描电路，打开机壳观察一下保险管是否烧断，首先应从电源电路查起，重点检查整流桥中的二极管、大功率开关管是否有击穿现象，若保险管没有烧断或电源部分基本正常，可先从行扫描电路查起，首先检查一下行输出电路（重点检查行输出管）、行激励电路中的有关器件，问题可得到解决。

故障现象7：一台SUN370型17英寸的彩显，在开机后光栅上半部显示的字符被压缩，有点划线出现。

故障分析与处理：此故障根据推断应在场扫描电路中，用万用表测场输出集成电路IC601（TDA1670）的各脚电压，发现2、15脚电压值稍有异常，TDA1670内是采用双电源供电的

OTL 电路，逆程时由 C607、D603 提供 50V 工作电压，以满足逆程时间的要求，光栅上部压缩可能是逆程工作电压不足，使场动态范围变小所致。拆下 C607 和 D603 进行测量，发现 D603 正反向电阻正常，C607 漏电。更换后屏幕仍有点划线。经观察 C608 与 IC601 散热片靠得很近，可能是该电容的容量不足造成行谐波电压加到场电路上。处理时只用一只 $1000\mu F/50V$ 电解电容和一只 $0.1\mu F/50V$ 滤波高频电容并在 C608 两端，一切正常。

故障现象 8：一台 SUN370 型 17 英寸的彩显，光栅下部字符被拉长，中间有一条约 1cm 的白带。

故障分析与处理：用示波器观测 IC601 的 1 脚输出的场扫描锯齿波中叠加有自激振荡波形，若断开场偏转线圈，锯齿波电压波形有所改善。测场偏转线圈直流阻值为 6Ω 左右，正常。再查反馈电路有关元件，发现 R620 已由正常的 1.5kΩ 变成 30kΩ 左右，造成输出端的信号不能正常反馈至场激励电路，使后级功放电路放大倍数过高而产生自激，输出失真的场波形。更换该电阻后正常。

2. 针式打印机常见故障诊断与排除举例

故障现象 1：自检正常，联机打印不正常。

故障分析与处理：该故障现象产生的主要原因有打印机接口电路损坏，打印机连接电缆故障，打印驱动软件故障。对于最后一个原因可通过重新安装软件排除，前两类故障应确定后进行更换或送修。该故障产生的主要原因是带电拔插电缆引起接口电路芯片损坏居多，在操作时应引起注意，一定要先关闭主机和打印机电源，再拔插电缆。

故障现象 2：打印字符不清或缺针点。

故障分析与处理：该故障由打印头和打印字辊间距过大，打印头打印针被污物阻塞，色带质量差和人为使用不当造成断针等引起。可通过调整，清洗，换断针等方法解决。

故障现象 3：LQ1600K 打印机在打印过程中有时会发现打印速度突然变慢，只为正常打印速度的一半左右，有时甚至停机，过一会后方能重新开始打印。

故障分析与处理：该打印机打印头的散热座和打印头之间的打印驱动线圈框外贴有一热敏电阻，用于探测打印头的温度。打印机 CPU 根据打印头温度的变化控制调整打印速度。如果打印头上热敏电阻测得的温度超过摄氏 100℃（上限值）以上时，则控制打印机自动停止打印，但打印和字车继续运动，以帮助冷却打印头，同时联机指示灯闪烁，打印暂停；当温度降到摄氏 100℃ 以下时则控制打印机以半速打印，直到打印头温度降至摄氏 90℃（下限值）以下时，则控制打印机恢复正常打印速度打印。因此，产生这一故障现象的原因是打印机打印头过热，而造成打印头过热的主要原因有：

● 打印机打印时间过长，连续打印 4～5 小时，或机房温度过高，使打印头难以散热，手摸打印头发烫。

● 打印针孔被污垢堵塞，打印针进出不畅，致使打印针驱动线圈负载加重，加速打印头发热，手摸打印头发烫。

● 打印头热敏电阻及连线损坏，导致信号不能正常送到打印机 CPU，这时手摸打印头发烫。

当发现该故障时，应尽快停止打印，找出原因，解决问题后再打印。

故障现象 4：在 UNIX 操作系统下打印正常，而在 DOS 系统下却不能正常打印，屏幕在打印机有纸情况下显示"No Paper Error Writing device PRN Abort，Retry，Ignore，Fail？"出错信息。

故障分析与处理：在 UNIX 操作系统下打印机打印正常，说明主机、打印机接口和打印机等均无故障，怀疑是打印机驱动软件故障，重新拷贝后，故障仍存在。后先用病毒清除软盘，对硬盘进行清除病毒后，发现有病毒。该病毒主要感染 DOS 系统，使 DOS 系统若干扇区及文件被破坏，从而打印机工作不正常。清除病毒后打印机工作正常。所以，在发现一些不正常的故障时可先进行病毒清除处理。

故障现象 5：在牵引输纸方式下，无纸时按进纸/退纸键不能进纸，当有纸时，按进纸/退纸键不能退纸，其他功能及打印均正常。

故障分析与处理：根据故障现象，该故障与摩擦/牵引进纸检测开关有关。针式打印机输纸一般有两种方式，一种是摩擦输纸，摩擦/牵引进纸检测开关触点应分开，另一种是牵引输纸，摩擦/牵引进纸检测开关应闭合。两种方式的转换由进纸选择杆选择完成，所以，拨动进纸选择杆相应压合或分离摩擦/牵引进纸检测开关，通知打印机作相应操作。本故障是由于进纸选择开关在牵引进纸位置时没有接通摩擦/牵引进纸检测开关而引起，打开机盖，顺进纸选择杆即可找到该开关，按要求给以适当调整即可。

故障现象 6：打印机打印时每行起始、结束位置混乱，自检时同样有该故障，打字正常。

故障分析与处理：根据该故障现象，属行位置检测故障。打印机在打印头回到左边初始位置时，有一光电检测开关，使打印机 CPU 得知打印头已回到初始位置。经检查为该检测开关的接线插头松动。重插后恢复正常功能。该故障由于检测开关松动，导致左边起始位置混乱，从而打印头左右移动换向位置混乱。当该检测开关光电检测管上灰尘太多太脏时也会产生类似故障。另外该打印机长期缺乏维护保养，打印机打印头小车移动阻力较大，用清洁柔软纸擦去该移动轴上污垢后加少量润滑油即可正常。

故障现象 7：打印机开机初始化正确，虽然打印机没有装纸，但纸尽灯不亮。按进纸/退纸键只有退纸动作，不能自动进纸。

故障分析与处理：由于打印机初始化正确，且输纸机构能工作，说明其控制电路、驱动电路基本正常。故障一般在纸尽检测电路中，纸尽检测通过一机械触点开关完成。当有纸时，开关断开，信息传送到打印机 CPU，确认打印纸装好，纸尽灯不亮，这时若按进纸/退纸键，则执行退纸指令；当打印纸完全退出后，或纸打印完后，纸尽开关接通，打印机 CPU 确认打印机缺纸，纸尽灯亮，同时蜂鸣器响三短声，再按进纸/退纸键，打印机就进行自动进纸。因此，本故障是由纸尽开关接触不良引起的，打开打印机机盖，拔下开关插头，用万用表测量插头两端，无论有纸无纸其均为开路状态。因此，打印机加电后，打印机 CPU 判断已有纸，纸尽灯不亮，故一按进纸/退纸键，打印机就执行退纸指令。将该开关的簧片进行调整，打印机恢复正常。

故障现象 8：打印机字车运行困难，有时需用手推一下；有时开机时字车动一下即停；有时能正常打印，但声音听起来很沉重。

故障分析与处理：一般来说，产生此故障的常见原因是字车与字轴之间太紧，字车不能运行自如。其原因一般为字轴上太脏，字车轴套中有脏物，从而影响字车运行。这时，应将字轴擦干净，再加上高级钟表油和缝纫机油，用手来回推车使其滑动自如。若这样仍不能排除故障，则应仔细检查轴和轴套间有无异物、纸屑等，清除干净，并加一点钟表油即可。若字车移动正常，则可能是字车驱动电路故障，应送修。

故障现象 9：打印字符或图象时不清晰或缺少针点。

故障分析与处理：点阵式打印机均由针冲击色带、打印纸和印字辊而在打印纸上形成各种文字和图形的。随着打印机的使用，原配色带将越打越淡，以致最后打不清字符而不能使用，这时应更换色带。在选用色带时要特别注意色带质量，若选用色带质量差，则色带带基油墨层较厚，油墨发粘；油墨颗粒粗，而且容易干硬。使用这样的色带进行打印时，针尖上的油墨随着打印时间的增加逐步向针与针之间、针与导向片之间渗透。而打印头在打印时，由于是高速间歇运动，针与针之间每秒达数百次往复运动，这样，针与导向孔之间产生强烈摩擦，使得整个打印头产生高温，促使渗进针缝中的油墨老化，停止工作时，打印头又逐步冷却，经过反复的冷热变化，加速油墨固化。最后固化了的油墨，将使打印针往返运动困难，或完全粘结住，使其不能打击冲击色带和打印纸，从而造成印字不清或印字缺点、断针等故障现象，使打印机不能正常使用。该故障一般要对打印头进行清洗，且换去断针。

3. 喷墨打印机常见故障诊断与排除举例

故障现象 1：打印时彩色正常，但黑色无法打印。

故障分析与处理：MJ-1500K 有黑色和彩色两个打印头，分别实现黑色及彩色打印。观察打印机面板状态均正常，使用打印机的面板清洗打印程序，在"暂停"灯亮时，同时按下"切换"键和"换行/换页"键执行清洗黑色打印头程序（在清洗的过程中"暂停"灯闪烁）。清洗过后黑色仍无法打印。此时注意观察打印头底部的海绵也无黑色墨迹，即墨水并未从打印头表面流出。因此，造成这个故障的原因在于墨水输送通道。

MJ-1500K 打印机使用较大容量的黑色墨盒（S020062）。装在打印机右侧控制面板下方的墨盒腔中。墨盒装上后，墨腔中的针管插入墨盒内部使墨水进入针管内部，针管另一侧通过一个六角紧固螺帽与墨水输送管连接，墨水输送管经打印机后侧随打印头电缆一起绕到字车组件上，在字车组件上通过另一个六角螺帽与一个打印头阻尼器相连，打印头阻尼器另一端套住黑色打印头的进墨孔。在初次安装墨盒的充墨过程中，打印头表面和底部的橡胶罩接触，通过吸墨泵的动作，墨盒中的墨水通过上述输送通道到达打印头表面。当打印信号到来时，墨水经喷嘴喷射到纸张表面，形成打印字迹。

检查上述墨水输送通道发现，在针管另一侧紧固墨水输送管的六角螺帽松开，从而使墨水输送通道"漏气"。所以即使在泵的动作下，由于松开处的压力与外界压力一样，使黑色墨水无法被吸引到打印头，造成打印头无墨，黑色无法打印。

维修中将针管与墨水输送管连接处的六角螺帽拧紧，并执行充墨操作（由于墨水输送管均无墨水，所以要进行此项操作，以便墨水输送管均充满墨水并输送到打印头）后，黑色打印正常。

故障现象 2：打印时字车随机撞到机械框架上。

故障分析与处理：该故障为字车导轴上的灰尘太多造成导轴润滑不好，引起字车在移动过程中随机受阻而造成的。用棉花擦拭导轴上的灰尘并给导轴上润滑油后，即可正常打印。

故障现象 3：打印时墨迹稀少，字迹无法辩认。

故障分析与处理：该故障多数是由于打印机长期未用，造成墨水输送系统障碍或打印堵塞。排除的方法是执行打印头的清洗操作。

故障现象 4：MJ-1500K 安装升级选件后，控制面板的"彩色墨尽"灯亮。

故障分析与处理：MJ-1500K 打印机随机提供彩色升级套件，从而使之能够打印彩色图像。该故障为进行正常的安装后，面板提示"彩色墨尽"灯亮。MJ-1500K 打印机在正常使用过程，其墨水的消耗量是通过电路内部的计数器来测量的。该计数器达到设定的值时，就提示墨尽。由于彩色升级选件是新装的，可以排除因无彩色墨水引起的该故障。

故障现象 5：更换新墨盒后，打印机开机时面板上的"缺墨水"灯亮。

故障分析与处理：正常情况下，当墨水完时"墨尽"灯才会亮。更换新墨盒后，打印机面板上的"墨尽"灯还亮，发生这种故障可能是墨盒未装好，另一种可能是关机状态下自行拿下旧墨盒，更换上新的墨盒。为重新更换墨盒后，打印机将对墨水输送系统进行充墨，而这一过程关机状态下将无法进行，使得打印机无法检测到重新安装上的墨盒。另外，有些打印机对墨水容量的计量是使用电子计数器来进行计数的（特别是对彩色墨水使用量的统计上），当该计数器达到一定值时，打印机判断墨水用尽。而在墨盒更换过程中，打印机将对其内部的电子计数器进行复位，从而确认安装了新的墨盒。打开电源，将打印头移动到墨盒更换位置即可。将墨盒安装好后，让打印机进行充墨，充墨过程结束后，故障排除。

故障现象6：喷墨打印机喷头硬性堵头。

故障分析与处理：硬性堵头指的是喷头内有化学凝固物或有杂质造成的堵头，此故障的排除比较困难，必须用人工的方法来处理。首先要将喷头卸下来，将喷头浸泡在液中用反抽洗加压进行清洗。洗通之后用纯净水过净清洗液，晾干之后就可以装机了。只要硬物没有对喷头电极造成损坏，清洗后的喷头还是可以使用的。

4. 激光打印机常见故障诊断与排除举例

故障现象1：激光打印机工作时，打印纸全白。

故障分析与处理：出现这种故障的原因有以下几种：

① 感光鼓不能正常转动。因感光鼓不转动，因此也就不能正常曝光、显影、定影，所以造成打印纸全白。这时可以断开打印机电源，取出墨盒，打开墨盒上的槽口，在感光鼓的非打印部位作个记号，再恢复原状装入机内。开机运行一小段时间，重新取出检查记号，以辨别是否感光鼓不转动。若确认是感光鼓不转动，应进一步查明感光鼓不转动的原因，是电气驱动电路问题，还是机械传动部件问题，分别加以排除即可恢复正常打印。

② 显影轧辊上未加上直流电压，引起显影轧辊不能吸收墨粉。或者由于感光鼓未接地，使负电荷无法向地泄放，致使激光束不起作用，因而在打印纸上打印不出文字/图象，造成打印纸全白。

③ 激光束发射通道上有遮挡物，使激光束不能正常地到达感光鼓，从而造成打印纸全白。检查时一定要将打印机电源关掉，以防激光束损伤眼睛。

④ 初级电晕放电极断开或无电晕高压，也会造成打印纸全白。这时应检修初级电晕放电极和电晕高压，即可排除故障。

上述实例中未指明具体机型部分，其故障分析和处理方法原则上适合各种型号激光打印机。

故障现象2：一台HP-ⅡP型激光打印机，打印机自检与联机操作都正常，但打印出的稿件左边有约1cm宽的部分没有字符。

故障分析与处理：从打印机自检与联机操作都正常，可以看出打印机的控制电路、电机驱动电路、接口电路，高压产生电路都是正常的，估计故障点出在成像电路中。

成像电路由曝光与静电潜像部分、显影部分、转印与分离部分和定影部分组成。其中任何一部分产生故障都会使打印的稿件不清晰，有黑带、黑斑、白道、黑道等现象。打开激光打印机的上盖，看到内部光路灰尘较大，经仔细观察发现激光镜的左边有一条灰尘边带。这一条灰尘边带使激光束不能扫描到感光鼓上，从而不能形成稿件的静电潜像。

用专用镜头纸将灰尘清理掉后，合上机盖，开机自检，打印机恢复正常打印。

故障现象3：一台HP-ⅢP激光打印机，打印的稿件右边约有5mm宽的部分字符不牢固，用手一擦就掉。

故障分析与处理：从激光打印机印字结果正常来分析，光学成像系统、曝光及静电潜像部分、显影及转印分离部分基本正常，故障可能在定影部分。

HP-Ⅲ激光打印机采用的是加热加压定影的方法，即带有墨粉的打印纸从一对辊（一个加热辊和一个加压辊）之间通过，从而使打印纸上的墨粉成像固定。墨盒内的墨粉是一种热熔性塑料，加热后很容易熔化，通过加压的方法可使影像永久地固定在纸上。

打开激光打印机的上盖，并拿掉打印机后面部分，注明高温注意的清洁毛刷，可以看到一灰一红的辊子。灰色的是定影热辊，内部有一根 240V、570W 的加热管。红色的是加压辊用于对打印纸加压，若加热管内加热丝有故障或加压辊的压力不够，都会对图像或字符定影效果产生不良影响。另外，在定影热辊表面还有一个温度检测传感器，用于控制热辊表面的温度，使其在工作过程中温度保持在 180℃左右。

检修时，发现定影热辊表面有严重磨损的痕迹。这样定影热辊与加压辊在对稿件进行定影时，就会有一部分因压力不够而不完全定影，从而出现本例故障。更换一个新的加热辊后，故障排除，打印机恢复正常打印。

故障现象 4：HP-ⅡP 激光打印机，开机后电源灯不亮，机器不动作（据用户反应是由于打印机输入电压为 110V 而误插 220V 造成）。

故障分析与处理：打印机开机无任何反应说明打印机的电源电路有故障，通过用户提供的情况可以看出故障出在电源电路的输入部分。

HP-ⅡP 激光打印机电源采用的是开关稳压电源，对这部分电路的检查首先从电压输入端开始测量。由于误插电压引起的电源电路损坏，一般是由于电压过高，使桥式整流后的直流电压太高，致使其滤波电容击穿炸裂、保险丝烧断。

检修时更换一个新的滤波电容及保险丝管后，故障排除，打印机恢复正常打印。

故障现象 5：LCS-15 激光打印机无法从纸盒内搓纸。

故障分析与处理：激光打印机的搓纸系统要完成的工作，将纸盒里的纸一张一张的送到纸辊前，约用 0.5～1s 左右的时间完成。换句话说搓纸辊必须在 1s 内，将纸从纸盒内搓出，并送到进纸辊前，然后再准备搓下一张纸，周而复始，往返地工作。若在规定时间内没有完成上述搓纸工作，打印机就出现卡纸信号。因此，只要搓纸系统某一部件有问题，就可能在规定时间内完成不了这种工作，而搓纸辊是较关键的部件，经检查发现由于搓纸的次数太多（已达 6 千张），搓纸辊表面已磨得很光滑，本应更换新的搓纸辊，但从经济角度考虑，采用下面两种方法来解决，经试用后效果很好。

① 将搓纸辊表面用锯条拉毛；
② 若方法①效果不很好，可采用在搓纸辊上绕橡皮筋。

故障现象 6：LDP-8 激光打印机打印空白。

故障分析与处理：根据故障现象分析，造成这种故障的原因有充电、显影和转印三个方面。只要其中之一出了问题，都可能出现这类故障。将打印机加电，让打印纸进入打印机机体中央位置时，关掉打印机电源，打开机体检查纸上无字，而感光鼓上有字出现，说明充电和显影都正常，问题出在转印部件上，检查转印电极丝、高压都是好的，接插件处也良好，其他也看不出有什么问题然后用万用表 R×10K 挡检测电极丝与电极座之间的电阻，结果只有 200kΩ 左右，换一个电极座故障排除。后来将电极座拆下来，发现绝缘塑料已经老化，变成了导电材料，加上的转印高压与机壳构成通路，而转印电极丝上得不到高压，因而造成了本例所述的故障。

故障现象 7：LCS-15 激光打印机不能定影。

故障分析与处理：打印机不能定影，用手一摸纸上的字就掉了，这主要是定影系统出了故障。定影部分的工作原理是：在打印机加电后，主控板给定影灯发送一个控制信号，使定影灯电源接通（灯管为 550W），定影辊表面温度逐步上升，当到达 175～193℃左右时（此温度能使墨粉熔化），定影辊表面上的热敏电阻就检测到此温度，并发送信号到主控板，主控板收到此信号后就将定影灯电源断掉，低于此温度时定影灯电源接通，周而复始。因此只要定影系统有一个部件出了问题，此故障就可能出现。这台打印机是由于灯管两端的接头有一端接触不良造成打火，久而久之，上面就有很厚一层被氧化，从而造成定影灯电源加不上，用砂纸打磨接头表面，直到氧化层被打掉为止，然后将其固定紧，经过这样处理后，没有再出现打火现象。

7.3　系统软件故障的诊断与排除举例

故障现象1：启动后，发现连接声卡的喇叭不发声，但在桌面上的任务栏上有喇叭图标，在"控制面板"的"系统"设备管理中的"声音、视频和游戏控制器"也没有发现"！"或"？"或"×"。

故障分析与处理：由于Windows系统中的声卡驱动程序与当前声卡不完全兼容造成的（特别是一些内置声卡）。这种情况往往是刚开始安装声卡时还可以发声，此时Windows系统中的声卡驱动程序与当前安装的声卡还勉强兼容，但当用户进行某些设置或其他原因，导致当前的声卡驱动程序与当前安装的声卡不完全兼容。

在"控制面板"的"系统"设备管理中将"声音、视频和游戏控制器"删除，然后在"控制面板"的"添加新硬件"中重新安装相应的声卡驱动程序。

故障现象2：启动后，在"我的电脑"和"资源管理器"中找不到光驱图标，而在"控制面板"的"系统"设备管理发现有"CD-ROM"设备，但没有发现"！"或"？"或"×"。

故障分析与处理：由于光驱在Windows系统中属于标准外设，所以只要光驱的硬件连接上没有问题，启动后Windows都能找到相应的光驱并安装相应的驱动程序。出现这种故障的主要原因一般是病毒感染驱动程序或是病毒在内存中占据了光驱驱动程序的位置。

在"控制面板"的"系统"设备管理中将"CD-ROM"删除，然后杀毒，重新启动系统即可找到光驱图标。

故障现象3：系统启动后，打开一两个窗口或运行应用程序后，出现花屏。

故障分析与处理：

原因一，由于Windows系统中的显卡驱动程序与当前显卡不完全兼容造成的（特别是一些内置显卡）。在这种情况下用户甚至可在"控制面板"的"显示"中设置多种颜色。

解决方法在"控制面板"的"系统"设备管理中将"显示适配器"删除，然后在"控制面板"的"添加新硬件"中重新安装相应的显卡驱动程序。

原因二，有一些内置显卡没有独立的显存，它的显存是从内存中划出来的，其大小可以通过CMOS设置来确定，如果用户设置的显存大小超过了内存的大小，此时即使显卡的驱动程序与显卡完全相同，且用户也可在"控制面板"的"显示"中设置多种颜色。但打开一两个窗口或运行应用程序后，就会出现类似于花屏的故障。

解决方法：重新启动系统，进入CMOS设置，调整显存大小到合适的容量即可。

故障现象4：启动时未出现"蓝天白云"，且按F8键无反应。

故障分析与处理：产生这种故障的一般原因是：系统文件因为病毒等其他原因而被破坏。

解决方法：关机，用干净系统盘重新启动系统，运行杀病毒软件清除病毒，然后执行SYS命令重新传送系统文件。如果还不行，则可能是病毒已经感染或破坏了分区表，这时就只能重新分区、高级格式化、重新安装系统。

故障现象5：启动时按F8键可进入多重启动菜单，但不能进入Windows桌面。

故障分析与处理：原因一，系统中的硬件设备之间存在严重冲突或是驱动程序被破坏。

解决方法进入"Safe mode（安全模式）"，重新安装显卡、声卡等设备的驱动程序，在"控制面板"的"系统"设备属性框中检查各个硬件设备的使用运行情况，调整有冲突的设置。

原因二，由于 config.sys 和 autoexec.bat 两个配置文件中加载了某个命令而导致系统无法启动。

解决方法：进入"Step-by-Step Comfirmation"逐行检查启动命令。在要运行的命令，输入Y，如果运行成功，则提示下一条命令，如果因为某条命令的运行而死机，则通过编辑软件（如：EDIT）将其从 config.sys 或 autoexec.bat 中删除。

故障现象 6：启动时出现下列信息：命令解释器丢失或损坏

Bad or missing Command Interpreter Enter name of Command Interpreter（for example，C:\Windows\Command.com）

故障分析与处理：根目录下的 Command.com 文件丢失或被破坏。

用启动盘启动系统，执行 SYS 命令重新传送系统文件。

故障现象 7：启动时出现下列信息：找不到注册文件，然后回到 DOS 提示符下。

Registry File was not found

Registry services may be inoperative for this session

故障分析与处理：

原因一，Windows 目录下的 System.dat 文件丢失或被破坏。

解决方法：用 Attrib 命令将 Windows 目录下的 System.dat 和 System.da0 的只读、系统、隐藏的属性，将 System.dat 删除，把 System.da0 改名为 System.dat，重新启动系统。如果不行，将根目录下的 System.1st 文件去掉只读、系统、隐藏的属性，用 Copy 命令复制一个 System.dat 文件即可。

原因二，MSDOS.SYS 文件中的[Path]节丢失或被修改而找不到 System.dat 文件。

解决方法：重新编辑 MSDOS.SYS 文件中的[Path]节，具体内容如下：

[Path]
WinDir=C:\Windows
WinBootDir=C:\Windows
HostBootDrv=C:

故障现象 8：启动时出现下列信息：在 Windows Registry 或 system.ini 文件中引用了某设备文件，但此设备文件已不存在。

故障分析与处理：从硬盘删除了某个设备驱动程序，但未在注册表中卸载此程序。

解决方法：在注册表中将该设备驱动程序的主键删除。首先进入注册表编辑器，导出注册表作为备份，然后单击"编辑"菜单中的"查找"，在"查找"对话框中输入出错驱动程序的名字，但不要输入扩展名.vxd，单击"查找下一个"按钮，找到该设备驱动程序的主键后，将其删除即可。

故障现象 9：Windows 2000 安装完毕后，操作界面图标下的中文成乱码。

故障分析与处理：这是由于在安装过程中将地区设定成了"China（PRC）"以外的国别设定。解决办法：进入控制台——地区选项——设定为"China（PRC）"并重启。

故障现象 10：在运行 Windows 2000 时经常会出现 0000023 和盘 0x00000024 故障，接着系统就重启了。

故障分析与处理：这往往是驱动程序碎片造成的。另外，超载的文件 I/O、第三方的驱动程序镜像软件或者一些防毒软件出错都会造成这种故障。要解决这种故障，当然首先要禁用一些防毒软件或者备份程序，禁用所有碎片整理应用程序。接着运行 CHKDSK/f 检修硬盘驱动器，然后重启，如果还是有错误，那么在启动屏幕出现时按 F8 键进入"高级启动选项"，选择"最后一次正确的配置"即可。

故障现象 11：每次在 Windows 2000 下开机到桌面（桌面上的图标还没出现）时，系统总显示"无法载动态链接库 Msnp32.dll，系统找不到指定文件。"把该文件 Copy 到原路径也没用。如何装载 DLL 文件？

故障分析与处理：很可能是由于安装了某个不成熟或者不兼容的软件造成的，不过 Windows 2000 在这方面已经改进很多了。可以在字符状态下键入"Sfc/scanonce"，检查一遍所有的系统文件，如果需要的话 Windows 2000 会让你插入原始光盘，然后会重起一次，这样就应该可以了。

本章主要学习内容

- 微机系统故障形成的原因
- 系统故障的表现和常规检测方法
- 喷墨打印机的分类、组成和基本工作原理和安装使用
- 主机常见故障诊断与排除举例
- 外存储器常见故障诊断与排除举例
- 输入设备常见故障诊断与排除举例
- 输出设备常见故障诊断与排除举例
- 系统软件故障的诊断与排除举例

 练习七

1. 填空题

（1）从微机产生故障的原因和现象，我们可将常见故障分为（　　　　）、软故障、外界干扰引起的故障、（　　　　）、人为故障五大类。

（2）为防止静电对计算机的损害，应在安放计算机时将机壳用导线（　　　　），可以起到很好的作用。

（3）计算机病毒的防范必须做到（　　　）相结合、管理手段与技术措施相结合、（　　　　　）相结合。

（4）计算机除了通用的测试软件之外，很多计算机都配置有开机（　　　　）程序，计算机厂家也提供一些随机的高级（　　　　）。

2. 选择题

（1）微机中，各种集成电路芯片、电容等元器件很多。若其中有功能失效、内部损坏、漏电、频率特性变坏等，属于（　　　　）。

A. 元器件损坏引起的故障　　　　　　B. 制造工艺引起的故障

C. 疲劳性故障　　　　　　　　　　　D. 机械故障

（2）交流电源附近电机起动及停止，电钻等电器的工作，都会引起较大的（　　　）干扰。

    A. 静电　　　　　　　B. 电压　　　　　　　C. 电磁波　　　　　　　D. 电流

（3）在 Award BIOS 状态下，显示器或显示卡错误喇叭鸣叫（　　　）。

    A. 1 长 3 短　　　　　B. 2 长 2 短　　　　　C. 1 长 2 短　　　　　D. 2 长 3 短

（4）计算机维修时对故障系统一块一块地依次拔出插件板，每拔出一块，则开机测试一次机器状态。一旦拔出某块插件板后，机器工作正常，那么故障原因就在这块插件板上，此法称为（　　　）。

    A. 插拔法　　　　　　B. 交换法　　　　　　C. 分析法　　　　　　D. 观察法

3. 简答题

（1）人为故障所涉及的问题主要包括哪几个方面？

（2）计算机出现故障的屏幕显示为 CMOS battery failed 说明了什么？

（3）计算机出现故障的屏幕显示为 Keyboard error or no keyboard present 说明了什么？

（4）计算机故障检测时直接观察法的含义？

实践一：微型计算机基本部件的硬件故障诊断和排除

1. 实践目的

（1）掌握微型机硬件的常规检测方法。

（2）学会插拔法、替换法和最小系统分析法使用。

2. 实践内容

（1）将有故障的微型机开机进行故障分析，分析故障的可能性。

（2）运用最小系统分析法、替换法和插拔法，缩小故障范围，直到找到有故障的部件。

实践二：微型机软故障的诊断和排除

1. 实践目的

（1）掌握微型机 CMOS 设置不当引起的故障排除方法。

（2）掌握系统软件某一文件丢失或某驱动程序没有安装引起的故障排除方法。

2. 实践内容

（1）将微型机 CMOS 默认的参数进行人为改动（如 CPU 的二级缓存、启动顺序、并行端口模式、内存参数），观察微型机运行状况。

（2）假设微型机显卡的驱动程序没有安装，观察显示器分辨率现象并进行安装。

（3）假设系统软件某一启动文件（如 Ntldr）丢失，观察系统启动过程并进行系统恢复。

实践三：微型机主要存储设备和输入设备的故障诊断和排除

1. 实践目的

（1）掌握微型机存储设备的故障排除。

（2）掌握微型机输入设备的故障排除。

2. 实践内容

（1）对硬盘的坏道和坏扇区进行分析，使保存的数据读出。

（2）对键盘和鼠标的内部结构进行分析，分析常见故障现象和排除方法。

（3）对扫描仪的内部结构进行分析，分析常见故障现象和排除方法。

实践四：微型机主要输出设备的故障诊断和排除

1. 实践目的

（1）掌握微型机显示系统的故障排除。

（2）掌握微型机输出设备的故障排除。

2. 实践内容

（1）对显示卡和显示器的内部结构进行分析，分析常见故障现象和排除方法。

（2）对针式打印机的内部结构进行分析，分析常见故障现象和排除方法。

（3）对喷墨打印机和激光打印机内部结构进行分析，分析常见故障现象和排除方法。

参 考 文 献

1. 导向科技　编著.电脑组装与维护培训教程. 北京：人民邮电出版社，2002
2. 甘登岱等编.电脑选购使用与故障排除. 北京：人民邮电出版社，2002
3. 新电脑课堂编委会编.新电脑课堂组装维护篇. 北京：电子工业出版社，2002
4. 吕远忠等编.电脑外设故障处理完全手册. 北京：中国铁道出版社，2002
5. 陈国先　主编.计算机维护与维修（第 2 版）. 北京：机械工业出版社，2003
6. 刘欲晓等编.电脑故障快速维修 666 例. 北京：电子工业出版社，2004
7. 陈国先　主编.计算机组装与维修实训（第 2 版). 北京：电子工业出版社，2005
8. 陈国先　主编.办公自动化设备的使用和维护（第 2 版）. 陕西：西安电子科技大学出版社，2005
9. 电脑报编委会编.电脑报 2006 合订本上册、下册. 重庆：西南师范大学出版社，2006

反侵权盗版声明

电子工业出版社依法对本作品享有专有出版权。任何未经权利人书面许可，复制、销售或通过信息网络传播本作品的行为；歪曲、篡改、剽窃本作品的行为，均违反《中华人民共和国著作权法》，其行为人应承担相应的民事责任和行政责任，构成犯罪的，将被依法追究刑事责任。

为了维护市场秩序，保护权利人的合法权益，我社将依法查处和打击侵权盗版的单位和个人。欢迎社会各界人士积极举报侵权盗版行为，本社将奖励举报有功人员，并保证举报人的信息不被泄露。

举报电话：（010）88254396；（010）88258888

传　　真：（010）88254397

E-mail：　dbqq@phei.com.cn

通信地址：北京市万寿路 173 信箱

　　　　　电子工业出版社总编办公室

邮　　编：100036

验证码（资料包下载密码）使用说明

本书封底验证码为配套资料包下载密码。

下载电子教学参考资料包前请登录华信教育资源网（公共网：www.hxedu.com.cn 教育网：www.huaxin.edu.cn），免费注册成为网站的会员。注册并激活会员账户成功后，请先用注册用户在网站登录，然后用本书书名或作者名检索本书，单击进入本书终极页面，您会看到本书配套电子教学参考资料包，单击"下载"按钮，会弹出资料包下载密码输入框，请输入封底标签上的验证码，验证通过后即可下载。下载时请勿使用网际快车或迅雷等下载工具。资料包下载密码只能使用一次，逾次作废。

本书验证码在资料包下载时能够验证通过，则说明本书为正版图书。

使用本书验证码下载资料包时如有任何问题，请拨打电话 010–88254485 或发邮件至 hxedu@phei.com.cn。